假精確時代

李凱 編著

大數據的合法詐騙，讓你上鉤還服服貼貼

> 誰說統計不會說謊？大數據其實最會騙人！
> 拆穿各種謊言，讓你不再落入數字陷阱！

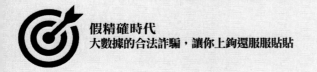
目錄

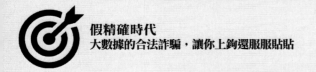
前　言

世界上有三種謊言：謊言、該死的謊言和統計數字。

首先要掌握事實，然後你可以隨意歪曲它們。

——馬克·吐溫

我們生活在一個資訊大爆炸的年代，周圍充斥著越來越多的資訊。我們要做的就是如何儲存與提取資訊。資訊如此之多，真假莫辨，好多人全盤接收，結果吃了虧。不過，吃一塹長一智，人們對周圍的資訊越來越有免疫力，質疑聲從來沒有斷過。

應了那句老話，「道高一尺，魔高一丈」，虛假資訊總會在不知不覺中侵入我們的大腦，影響我們的決策。

數字作為資訊的一種，其中蘊藏的陷阱不知有多少，數都數不清。這些數字陷阱隱藏得很深，如果稍不注意，就會掉入其中，損失慘重。

當看到我說的這句話時，你可能會驚呼一聲：「對，我就遭遇過一次數字陷阱！」

當我問你時，你可能會提起你在商店購買蔬菜時的缺斤短兩，也可能會提到在商場購買商品的時候遇到的折扣陷阱。你會後悔，太不應該追逐眼前的小利了，結果落入商家設計好的陷阱中。

你可能只是遇到過少量的數字陷阱，並不清楚這大千世界數字陷阱何其之多。在看完本書之後，不要害怕，但請在今後擦亮你的眼睛，找到我提出的這些陷阱，維護好自己的利益。

　　數字陷阱整體來說分為兩種類型，一種是人為故意製造的陷阱，目的很明確，就是為了欺騙大家，增加自己的利益。另一種就是人們無意中製造的數字陷阱。可能是因為認知能力不夠，也可能是在哪一方面有所疏忽，數字陷阱就悄無聲息的來到我們的面前，我們再走一步，就會落入其中，而結果往往正是那樣。

　　數字一出現，往往會讓最冷靜的頭腦發熱，做出衝動的事情或者不理智的決定。20 世紀發生在美國的「麥卡錫主義」就很好的詮釋了這一觀點。

　　1950 年 2 月 9 日，美國參議員約瑟夫・麥卡錫宣稱美國政府徹底被共產黨黨員滲透。他偽造了一份名單，上面有兩百零五名隱藏在美國政府裡的共產黨黨員，但他並沒有給出準確的名字，只是拿出了一個看似確切的數字。

　　不僅如此，這個數字不是一成不變的。他一開始聲稱名單上有 57 人，在 2 月 20 日他又改口說有 81 個不忠誠的隱患人員。麥卡錫很明顯沒能一次性編造出這些數字來。事實上，早在 1947 年，美國政府就對國會中的 108 位職員進行了「忠誠度調查」。他們的忠誠度備受懷疑。至 1948 年，僅有 57 人仍受僱於國會。

　　我們可以試想是這份調查洗清了這 57 人的冤屈，也可以

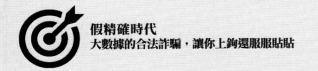

像麥卡錫一樣說他們是「政府承認的共產黨員」。「81人」這個數據正是從這份涉及108人的調查中得出的。與此同時，另一份1946年呈遞給國會的報告得出共有205個共產黨黨員，那份報告證實兩百八十四個有潛在安全隱患的人員中已有79人被裁。

美國政府加緊防禦，匆忙要求麥卡錫證實他的數字來源。麥卡錫卻絲毫不在意這件事。他只是輕描淡寫的說：「我不回應指控，畢竟我才是控方。」

他的名單影響如此重大，以至於這種效應形成了一個專有名詞「麥卡錫主義」，專用於指製造冤假錯案的慣用做法。麥卡錫作為一個典型的反面教材，也告訴了我們數字可以怎樣被濫用。他只是隨意的扔給擔驚受怕的大眾幾個數字，就使他們恐懼起來，並引起一場政治迫害。

本書意在揭開數字陷阱的面紗，還你一個真實的數據世界，爭取將生活中、廣告裡、單位機構營運，乃至現今最炙手可熱的網路世界，將各個方面的數字陷阱一網打盡，幫助你遠離欺騙，維護自身的利益。數字陷阱不可怕，它就是一隻紙老虎，只要我們掌握正確的方法，堅持理智，這種陷阱很快就會被填平，讓我們一馬平川的大踏步前進。

在即將到來的大數據時代，數字陷阱還會有其他更加隱蔽的表現形式，應用本書所講述的方法，我們一起來辨別，並提高我們的「數字免疫」能力。

第一章
數字也會說謊

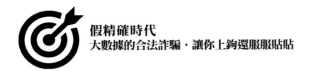

　　有人說，如果你想要讓人相信一句非常荒誕的話，只需要在裡面加上一個數字就可以了。這句話看似非常不可靠，你可能會不屑一顧，但你一定在生活中也時常受到這樣的欺騙。數字，本身是非常讓人信任、充滿精確性的符號，卻在欺騙上頗有造詣。這其實不是數字的錯，而是由於人的意識、認知而造成的。

一、數字並不是你看起來那麼龐大

老師拿來了一大袋糖果，我估計能分五六塊吧……

2013 年中國 GDP 為 9.24 萬億美元……

每 6 個人可以讓互不相識的兩個人建立聯繫……

　　天文數字，是我們在形容一個數字非常大時經常使用的詞語。這個詞語道出了我們對大數字的敬仰之心，似乎數字的大已經超出人類認知的尺度。但是在我們看到那些所謂的天文數字時，我們首先要問自己一句話：「這個數字大不大？」

　　數字後面有很多零，會讓很多人覺得這個數字非常大，但這樣的數字除了吸引人們的注意以外，還可能是要提出警告。但就數字本身而言，這是毫無意義的。

（一）網路上的「大數字」

　　行動網路時代，春節是幾家大型網路平台的紅包爭奪戰場。用戶在此期間樂此不疲的搶紅包。搶紅包儼然成了春節的符號化活動，風頭甚至蓋過了春晚。

　　但在搶紅包過程中，大家可能發現了一個有趣的現象：公

司派出 1,000 萬元甚至上億元的紅包，但你就是搶不到，就算搶到了也只是 1 至 2 元，甚至是幾分錢或者是代金券。可能你的手都快戳破螢幕了，手指都磨紅了，眼圈都脹紫了，收穫就是不大，空歡喜一場。

這就是「大數字」的假象。

雖然紅包金額總量在 1,000 萬元，幾乎每一個用戶在剛開始的時候，都會天真的在意識深處認為自己能單獨搶到這個 1,000 萬元，可是不要忘了，這個紅包是面對數億網友發送的，這樣算下來的話，平均每個人分到的金額就是幾毛錢或幾分錢。

更令你感到諷刺的是，你搶中的金額非常少，但它還可能是代金券，而且代金券不是零食、日用品的代金券，而可能是波音飛機、知名汽車或者出國旅遊的代金券，真是氣死你不償命啊！

說白了，這是由某網路公司不正確的紅包玩法所導致的，就算發送五億元的紅包，平均下來每個用戶也只能分到幾塊錢而已。作為用戶的我們也不必較真，在下次看到的時候擺正心態，圖個樂子就好了。

（二）教育中的「大數字」

2007 年 1 月，英國政府宣布，即將在小學投入一千萬英鎊的預算，目的是「振興小學的音樂教育」。這個數字看起來很大，但是不要忽視學生的數量。英國總共有 1,000 萬名學生，一半是小學生，將 1,000 萬英鎊分給 500 萬個小學生，平

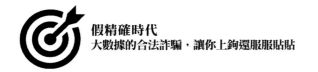

均每名小學生只有 2 英鎊，那這樣還怎麼振興他們的音樂教育呢？恐怕連聽一場兒童音樂會都不能吧？

也許當你聽到全國性的數字時，大腦中立刻會失去判斷能力。你認為自己只是一個老老實實做本分生意的人，那個可是上千萬甚至上億的數字啊。可是，你要知道，那個數字不全都是你的，你要學會把它個人化，你得將它平均劃分，而不是拿來和自己的帳戶餘額相比。因為，不管餅多大，如果每個人只能分到一粒碎渣的話，那這張餅就是小的。

數字的大與小是相對的，剛剛我們說過了「大」數字的小，接下來我們談一談「小」數字的大。

在 2005 年，英國的一家報紙在頭版刊登了一則消息，稱政府打算將退休年齡提高兩歲。這篇報導稱，假如政府通過這項法案，那麼原本可以領到退休金的老人中，每五人就會有一人來不及領退休金便去世。五分之一，這個數字看起來不大吧，可是英國全國的老年人人數眾多，由於基數很大，透過這個比例算出來的數也不會小。

(三) 生活中的「大」數字

看下面這個問題：

假如某件商品增加 50% 的量，但不加價；另一件同款商品降價 33%，你會選擇哪一個？

大部分自以為很聰明的消費者會毫不猶豫的選擇第一種商品，因為它的數字看起來更大。

但事實可不是這樣的。

《經濟學人》雜誌將這種現象稱為「增數盲點」。其實商品增加 560% 的量不加價和降價 33% 是一樣的。研究者特地做了一項實驗，詢問消費者你想要加量 50% 的商品還是降價 33% 的商品？大部分消費者看到這個數字，竟然感覺價格是一模一樣的，但事實是降價 33% 更划算一些。

這個現象不僅反映了人們對大數有錯覺，更能反映出人們懶得將數字計算出來。

衣服在打折時，連續打兩次折，第一次打 8 折，第二次打 85 折，其實總共打了 6 折。但是，大部分消費者卻認為兩次打折比 6 折還要便宜。這說明，大部分人不願意去計算結果，才會被數字誤導。

其實，只要帶上計算機，看到數字先按一下計算機，算出結果，就不至於被數字誤導了。

（四）缺乏對比，數字大小未可知

讓我們來看下面的數字：

1F、0.1g、3600000J、380000km

第一印象上，你會覺得前兩個數字很小，後兩個數字很大。但是答案正好相反。

1F 其實是一法拉，是電容的量。由於我們對這種事物不熟悉，所以總會主觀臆斷，只看絕對數字。其實 1F 很大，地球電容差不多就是 1F，而一般電容的單位是 μF，即 10^{-6}F（十萬分之一法拉）。

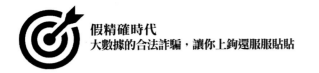

「g」是一個重量單位，克，這我們都知道，但越是熟悉的事物越容易遭遇陷阱。如果說這個數量出現在查酒駕時就是很大的數字了。因為每百毫升血液裡酒精含量達到 80 毫克即為醉酒駕車，而零點一克則遠遠超出了規定的範圍。

「0」經常集群跟在某一個數字後面虛張聲勢，看起來是一個天文數字。其實 3,600,000J 只是一度電而已。

380,000km 是地球到月球的距離，看起來很遠，是吧？但要是放到宇宙這個範圍內，這個距離就跟沒有距離一樣。

新聞報導中經常會出現天文數字：一個港口年吞吐量 ×× 噸，一個天文數字；今年保障性住房規劃建設有 ×× 面積，一個天文數字；人的腦容量相當於 ×× 本書，一個天文數字……這些天文數字已經遠遠超出我們的認知範圍，我們甚至連數量級都猜不準。電視上公布這些數字就像對小學生講微積分一樣可笑。你興奮的說著，我只有張著嘴感嘆。可見，缺少對比的絕對數字在不經意間誤導了你，給你下了圈套。

不過，有時一些看起來微不足道的小數也有可能變成天文數字，事情剛開始時的事實並不是真正的事實，因為它的後續發展可能會使你始料不及。

西洋棋的一則傳說恰恰說明了這個問題。

傳說西洋棋是由古印度人發明的，發明者是一個印度教宗師兼數學家，名叫希薩。

當時的古印度國王非常愛玩，下令在全國張貼招賢榜，尋找能人為他製造一個奇妙的遊戲取樂，如果誰能完成這個任

務，誰就會得到重賞。

希薩揭了招賢榜，獻上一種棋，棋盤上有 64 個空格，棋子是國王、皇后、大臣、士兵、騎士、城堡之類不同的角色。下棋時，玩家要經過一番智謀，將對方的國王將死才能決定勝負，這個遊戲讓國王玩得不亦樂乎。高興之餘，國王問希薩：「我很喜歡你發明的這個棋，所以要重重賞你。你說吧，想要什麼？」

希薩說：「真金、白銀、寶石，這些我都不需要，只希望國王賞賜我一些麥粒，我就非常開心了。」

國王聽了以後笑得合不攏嘴。因為他認為黃金、寶石這些貴重的東西才值錢，麥粒到處都是，能有什麼價值。笑完之後，國王問希薩究竟要多少麥粒。

希薩說：「請大王在我獻上的 64 格棋盤上的第一格上放上一粒麥粒，第二格上放上 2 粒麥粒，第三格上放上 4 粒麥粒，第四格上放上 8 粒，如此一格一格加上去，每一格比前一格多加一倍，一直加到第 64 格。我要這些格子上的所有麥粒。」

國王一聽，原來就是幾粒麥粒而已，就不假思索的答應了，下令管倉庫的大臣如數贈予。

管倉庫的大臣一經計算，天哪，這還了得，這可是一個不小的數目啊。他把這件事告訴給國王，但國王不信，又召見算師。算師也仔細的算了一遍，果然如管倉庫的大臣所言，數目驚人！所需麥子的數目為 $2^{64}-1$，也就是說，就算把印度所有的麥子賞給希薩也不夠，甚至這樣說也不為過，就算全世界的麥子也不夠。

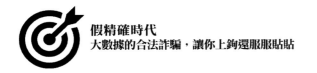

現在讓我們也算一算看：

第一個格子裡是 1 粒，第二個格子裡是 2 粒，一共有 3 粒，即：2×2-1=3。

又加上第三個格子中的 4 粒，一共是 7 粒，即：2×2×2-1=7。

再加上第四個格子上的 8 粒，共有 15 粒，即：2×2×2×2-1=15。

也就是：$2^4-1=15$。

所以，從第一格到第四格的麥粒數就等於 2 的 4 次方減去 1。

那麼，從第 1 格到第 64 格的麥粒數，將等於 2 的 64 次方減去 1，即：

2×2×……×2（64 個）-1=2^{64}-1=18,446,744073,709,551,615。

1 立方公尺的麥子有 1500 萬粒，18,446,744073,709,551,615 粒麥子約有 12,000 億立方公尺。全世界 2,000 年生產的麥子加在一起也沒有這個數目大。

原來希薩運用了數學上的幾何級數，那是把 2 作為基數倍數，棋盤上的格數作為這個基數倍數的乘方，即 2 的 N 次方。

這一次國王不得不食言了，但這很損害國王聲譽，令國王感到左右為難。

國王看到自己實在無法滿足希薩的要求，打算下令把他殺了。這時，糧食大臣想出了一個主意。他勸國王還是照原來說過的話去辦，依舊賞給希薩那個數目的麥粒。但是，既然希薩

要求的麥子精確到粒,賞賜也應該嚴格執行,讓希薩自己一粒一粒的從國王的倉庫裡數出他所要求的數目,第一個格子上放 1 粒麥粒,第二個格子上放 2 粒,第三個格子上放 4 粒……直到第 64 格放滿為止。一粒也不能多,一粒也不准少。一秒能數 2 粒,一分鐘能數 120 粒,一小時也只能數出 7,200 粒,每天數上 10 小時,也只能拿到 72,000 粒麥粒。數上一年,也只有 2,000 萬至 3,000 萬粒。也只有 1 立方公尺至 2 立方公尺的麥粒。要全部數清國王賞賜給他的麥粒,要兩千多億年呢。

就這樣,希薩給國王出的難題,又被聰明的糧食大臣回敬了回去。國王沒有食言,也沒有付清賞賜的天文數目的麥子。不過希薩的「無理要求」也差點讓自己命喪黃泉。

下面我們來看一看文章開頭的例子。

老師拿來了一大袋糖果,我估計能分五六塊吧——一大袋糖果能有幾塊?但班級裡可是有幾十名學生呢,平均分下來,估計每人也只能得到一至兩塊糖。

2013 年中國 GDP 為 9.24 萬億美元——曾有過這樣的說法:「多麼小的問題乘以 13 億,都會變得很大;多麼大的經濟總量,除以 13 億,都會變得很小。」我想,這句話非常恰當的指出了 GDP 大總量下的小分量,因為中國人均 GDP 只有 4.66 萬元,在全世界排名 73 位。

每六個人可以讓互不相識的兩個人建立聯繫——六這個數字很小吧,但要想認識任何一位陌生的朋友,中間最多只需要透過 6 個朋友就能達成目的,也就是說,只需要 6 步。但如果中間的每一步距離都很大,這 6 步可能是世界上最遙遠

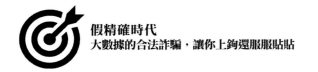

的距離。

　　大數字有時就是紙老虎，只要你夠細心，善於思索，數字的大並不是如表面所示。小數字有時可能也未必像你想得那樣渺小，當它的概念以另外一種方式解讀時，它的規模比那些所謂的「大」數字不知大多少。

二、這些數字是捏造出來的

　　本款睫毛膏能夠為您的睫毛帶來十二倍的衝擊力……

　　這款保濕霜能夠將每一滴的保濕效果增強 65%……

　　李經理十年來找下屬談心多達兩千五百七十六次……

　　數字兼有確定性與不確定性兩種特徵，當它被有所企圖的人利用時，不確定性就被無限放大了。人們為了某種目的，有時會捏造吸引人的數據，這些數據雖然經不得推敲，但很多人似乎被矇蔽了眼睛，深陷其中，毫不懷疑。

　　這樣的數字叫「波坦金數字」。這個名字來源於俄羅斯。

　　由於波坦金親王不想讓女皇了解到克里米亞半島的貧瘠與荒涼，於是讓人在女皇經過的地方搭建了許多精心設計的房屋正面模型。這些模型仿照自然狀態噴漆，遠遠看來和真實的村莊沒有差別。雖然這些只是仿製品，只要靠近一點觀察就能發現它的虛假，但女皇路過這裡時只是漫不經心的看了一眼，沒有細細觀察，於是被欺騙了。

　　「波坦金數字」產生的情形就跟這個歷史事件很相似，有所企圖的人為了迷惑他人，故意捏造與真實的計量行為毫不相

關的虛假數字。

(一) 網路造假

數據造假在網路世界屢見不鮮，涉及網際網路的方方面面，比如融資額。融資額在對外宣布時往往會誇大三倍有餘。假如公司獲得 500 萬元融資，在對外宣布時就會說成 1,500 萬元，而媒體一般不會對融資額和銷售額表示懷疑。

除了虛假公布，網路公司有時還會透過一系列後台操作來刷榜。因為用戶量是評價網站價值的一個重要指標。公司透過技術模擬用戶使用網站的情形，其實可能根本沒有這個用戶。這種造假甚至已經形成了產業鏈，有的客戶會要求網路公司刷到足夠的量。

曾經有一次，網路紅人×××爆料：「××老闆應該坐牢。」此言一出，又一次揭開了網際網路數據造假的傷疤。

××將假代碼暗中植入用戶手機後台，啟動透明頁面，將資料傳遞給第三方統計公司，偽造用戶數、廣告點閱量等數據。

其實這也很好理解，因為自從有了網站，公司就需要點閱率來拉投資和廣告，而這些數字本身可以造假。所以，公司使用分身帳號來增加用戶註冊數；參加競價排名以增加排名。消費者沒有很好的方法去鑑別這些虛假資訊，甚至有些專業人員都無法識破。

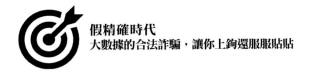

（二）票房造假

除了網路造假，近幾年來電影票房造假越來越受到大家的關注。

2016 年某國電影票房達到 200 億元，一路高歌猛進，但是買票房和偷票房的行為卻變得越發普遍，造假手法也不斷翻新。影片 A 的票房在獲得佳績之時，馬上受到了網友和媒體的質疑。很多觀眾檢舉，影片 A 在上映後售票狀態出現異常，那些最不受觀眾喜歡的場次和位置居然爆滿，前三排座位被一搶而空，而中間的好座位卻空無一人。這種情況不只在一家影院出現，而是全國各地密集上演。

這是影院自己購買票房的行為，偷票房的事情也存在。

觀眾在觀看其他影片時，手裡的影票居然是影片 A，而且上映時間也不符合實際。

買票房與偷票房能夠在短期內為影院帶來巨大的利益，所以這使得影院做出此事的動機很強烈。由於影院放映影片能夠獲得票房分成，如果實施買票房的行為，增加「票房收入」，最後在票房分成時獲得的收入也就相應增加；偷票房就更是如此了，如果放映影片 A，影院獲得 10% 的分成，放映影片 B 能夠獲得 20% 的分成，將影片 A 的票房劃到影片 B 的話，影院將會多得很大一部分收入。

消費者在觀看電影時往往不會刻意去關注電影票上的資訊，他們只關注電影本身和影院的服務，而由於監管部門的不到位，也給製片方、發行方和影院造假提供了便利。影院造假票房一方面是為了吸引眼球，更重要的是擠壓同檔期的其他影

片，獲得巨大的利益，為以後爭取投資，發行更多影片提供更多可能性。

（三）胡亂預測

BBC 在 2002 年出版虛構紀實作品，聲稱金髮碧眼的人已經成為瀕危物種，將在 2202 年滅絕。這之後，很多出版物也都提出了相同的看法，其中有《週日泰晤士報》。他們聲稱：最後一位天生金髮碧眼的人可能將在 2202 年於芬蘭出生。但這根本就是一個惡作劇，畢竟 BBC 出版的是虛構作品。世界衛生組織（WHO）不得不澄清事實。在進行解釋的時候，他們還冷幽默了一把：

針對最近媒體的報導，我們希望澄清一個事實，世界衛生組織從未對金髮碧眼的人是否滅絕做過專題探討，還有，我們也沒有發表過金髮碧眼者將在 2202 年滅絕這樣的報告，因為我們也不清楚未來金髮碧眼者還會不會存在。

我們再回到本文開頭時提到的那三個案例。

這三個案例中的數字可謂是令人印象深刻，其中的真假，細細思索一番就能辨別出來。

本款睫毛膏能夠為您的睫毛帶來 12 倍的衝擊力——12 倍的衝擊力？難道這個公司專門找人來眨眼睛，使用專業的聲音計量儀器，檢測睫毛在使用產品前後閉合時發出的聲音強度？

這款保濕霜能夠將每一滴的保濕效果增強 65%——每一滴的保濕效果都增加 65%？難道公司將新款保濕霜與舊款保濕霜都分成了無數滴，分別測算了每一滴的保濕程度？

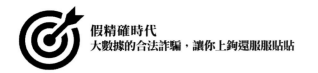

　　李經理十年來找下屬談心多達 2,576 次——找下屬談心多達 2,576 次？難道有專人記錄李經理與人談心的過程、時間和次數？

　　前兩個案例都是廣告中的欺騙數字，目的無非是增強廣告的表達效果，而第三個案例目的則是矯飾業績，騙取獎勵。

　　捏造數字的人大部分不會在乎給出的數字是否客觀，但是這些數字的威力的確不小，說服力很強。

三、看穿數字中的「假精確」

　　我現在的年齡是 21 歲 5 個月又 9 天……
　　我買這輛自行車花了 1,353 元……
　　這是來本市進行參觀的第 829,843 個人……

　　「波坦金數字」在現實生活中非常普遍，但只要我們有足夠的思考能力，仔細的檢驗這些數字，這些數字謊言就會被戳穿，畢竟「波坦金數字」的說服力還是有限的。

　　但我們不能掉以輕心，因為數字騙術花樣繁多，我們還須當心另一種更難以摸透的數字陷阱——「假精確」，也稱為「反統計」。

　　這種陷阱是指片面的按照字面意義來理解數字，基本上不去考慮數字本身的不確定性。這樣做的後果便是數字看起來更加精確，為原本非常容易出錯的計量行為粉飾一新，看起來那麼真實，那麼確鑿。這種方式比「波坦金數字」更隱蔽，更讓人難以懷疑，但實際上卻十分可笑而荒誕。

（一）廣告中的「假精確」

有這樣一則內容：

爸爸：孩子，以後可不要不講衛生了，也不好好打扮打扮自己……

孩子：知道了，爸爸。

（廣告人士注意到，走了過來，聽到了下面的對話）

爸爸：你的臉看起來和實際年齡相差五歲！

孩子：我是……

（廣告人士打斷了孩子的話）

廣告人士：您好，請問您使用我們公司的產品效果如何？

孩子（著急）：年輕 5 歲又 80 天！

廣告人士：太棒了！謝謝使用！

（廣告人士興高采烈的走了）

（第二天，廣告人士推出了廣告：潔萊爾洗面乳，讓你年輕五歲八十天，充滿自信！）

這則故事暗藏了兩種數字陷阱：「波坦金數字」與「假精確」。大家想一想，雖然字面上來說這種洗面乳可以使你年輕 5 歲 80 天，但這樣的數字是如何得出來的？年輕與臉有絕對的必然關係嗎？從常識來說，我們知道這是不可能的。再說假精確，5 歲 80 天中的那個 80 天，比單純 5 歲更顯得精確，不由得會讓人覺得產品的使用效果非常好。這其實是人的心理作用引起的結果。

其實數字本身帶有很大的不確定性，它體現在一定的誤差範圍上。比如說，你拿尺子去量一件物品的長度，不管你如何仔細，如何認真，物品的長度體現在尺子刻度上都存在一定的偏差，只不過刻度上沒有體現出來而已。尺子的刻度其實就是長度數字的近似值，是大約等於多少，而不是一定是多少。我們有時對數字的計量刻意去較真，並沒有什麼好處。那些故意去較真的，只不過是有意無意的利用了你的心理——你總覺得越精確（越顯得精確），事情就越可靠。

(二) 生活中的「假精確」

問大家一個問題：人的正常體溫是多少？

我想大部分人會脫口而出：當然是攝氏 37 度了！

可是，這個標準是怎樣來的呢？大家對此就不是十分清楚了。

德國物理學家卡爾·文德利希宣稱，他用令人難以置信的精確度為一百萬人測量了體溫，在匯總了體溫結果以後，他最終得出結論：正常體溫應該是攝氏 37 度，換算成華氏溫度，即為華氏 98.6 度。

換算成華氏溫度以後，數字保留了一位小數點，這看起來更加精確了，更具權威性。有的醫學辭典甚至將體溫高於華氏 98.6 度的現象稱為發燒。

其實，卡爾測量體溫時將體溫計放在腋窩處，得出的正常體溫結論，難以適用於從口中或身體其他部位測量體溫的行為，這就體現出了這一數字結論本身帶有某種偏差。

正常體溫的定義本身並不精確，非常難以判定，甚至是主觀臆想，這是典型的「假精確」，但已經被人們相信了百年之久。

回到文章開頭那三個例子中。

我現在的年齡是 21 歲 5 個月又 9 天——將自己的年齡計算到月份上已經夠少見的，大多數人只是記得自己的生日和年齡，並不在意月份，而將年齡仔細計算至天數中，這真是奇葩中的奇葩啊！是否每天都在拿著手機中的日曆表數算自己的年齡嗎？

我買這輛自行車花了 1,353 元——現在這個時代，尤其是網路時代，定價是越來越細密了。所以說，這種價格上的精確並不能完全說它是在「騙人」，但大部分人還是會說一個大概的數字，比如 1,300 元。拿我自身的一個例子來說：當年我到商場買筆記型電腦，花了大概 3,890 元，「9」後面的數字是多少來著，我想我是記不清了。一般人不會將數字記得那麼準確。除非他是想回去報銷，或是為了炫耀，再或者就是「欺騙」別人了。

這是來本市進行參觀的第 829,843 個人——我們知道，到某個城市參觀的人數是一直在變動的，而且這句話混淆了人數與人次的概念。人次是指在單位時間內的某項活動中，包括重複出現的人在內的總人數。一般旅遊參觀用人次來計量。

「假精確」算是數字陷阱中一種比較危險的類型，它的欺騙性比較持久，雖然不會像「波坦金數字」那樣毫無意義，但也摻入了太多幻想成分，從而創造出一個看似可信，卻與真實

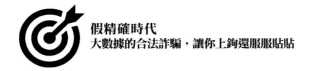

相差十萬八千里的數字。

四、數字真實，包裝後也會認不出

前面我們講到的兩種數字陷阱，其共同點是數字本身是虛假的，而「成果包裝」的數字陷阱與它們的不同之處就在於，數字本身沒有錯誤，是真實可信的，可是人們對數字資料的解釋出現了偏差或歪曲。

（一）你看到的，都是對我有用的

本班學生的數學成績整體提高了 30%……

該網站訪問量日成長率達 800%……

有 35% 的被調查者購買了本產品……

約翰·霍普金斯大學有三分之一的女學生嫁給了大學老師……

有選擇性的發表數據和觀點，這就是所謂的「最優選擇」。發表者會在選擇數據時自動過濾掉那些不符合論證內容的數據，只剩下能夠佐證論證內容的數據。

由於數字在現實世界中是不夠準確的，與數字有關的問題的答案也不是很明確，這就需要將所有數字結果放在一起來評判，比較優缺點，以便於決策者選擇出最接近真實情況的結果。而「最優選擇」則有意阻撓各種數字結果的「相聚」，以此來達成增強論點說服力的目的。

1・醫學研究中的「最優選擇」

假如你做了一個研究調查，花了 20 年時間調查了具有代表性的十萬人，發現這些人裡，長期沉迷於電子遊戲的與不怎麼玩電子遊戲的人罹患癌症的機率基本相同，而且你的研究方法並沒有什麼差錯，那麼，請問有哪家醫學期刊會發表你的研究成果呢？

答案是沒有一家。

醫學期刊認為，玩電子遊戲對罹患癌症的影響沒有體現出來，研究意義不明，這也不是什麼能夠吸引人注意的發現，也就是說，發現與沒有發現並沒有多大區別。

但假如你的一位好朋友與你同時進行了調查，得出了不同的結論，證明：玩電子遊戲的人罹患癌症的機率相對較小。這下子，醫學期刊就會爭搶這份研究報告了，因為，這就是他們要的內容。

這種現象叫做「發表性偏倚」。

2・經濟數據中的「最優選擇」

下面看一組訊息：

自從 2015 年 10 月公司實行重組以來，公司的資源結構得以最佳化，成本實現大幅度下降，到 2016 年 5 月，淨利潤實現 30% 的上漲。

透過這一則公司訊息，我們可以看出，字面意思上來說，公司的重組使企業的利潤提高很多，使利潤曲線一直呈上升狀態。

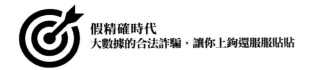
但是果真如此嗎？

其實，真相是這樣的：在公司重組之前的一年中，公司的淨利潤一直呈上升狀態，只不過公司重組之後，上升態勢得到繼續而已，這並不能說明公司重組對淨利潤上升的貢獻。

而且還有可能是這樣一種情況：在重組之前，公司淨利潤的上升曲線比較陡，而重組後，雖然淨利潤還在增加，曲線還是呈現上升狀態，但陡度已經明顯減緩。

3．商業上的「最優選擇」

之前曾發表過一則《本地新娘對鑽戒鍾愛有加》的新聞報導。報導中說：「一家調查機構經過追蹤調查，發現本地的婚戒中有 33% 鑲嵌鑽石，而其他地區則只有 24%；有些地方雖然人均可支配收入相對比較高，但鑽石婚戒的比率卻只有 15%。」調查還顯示，「本地女性喜愛鑽戒的人數正逐漸攀升。年齡在 18 至 34 歲，月收入在 3,700 元以上的女性當中，已經有五分之一的人擁有鑽石。因此可以說，本地女人對鑽戒青睞有加。預計在不久之後，這裡將成為美國和日本之後的第三大鑽石消費市場。」

從數據上來看，我們找不出任何漏洞。但仔細研究一下，你會發現，這項調查數據是由一家鑽戒生產商發表的。這則新聞發表以後，肯定會發揮鼓勵觀眾購買鑽戒的作用，給尚未購買鑽戒的新娘和女性消費者一定的心理暗示。這項數據能夠促進鑽戒的銷售，因此，這項數據的可信度就要打個折扣。

同一年的同 1 月，一家報紙報導了短期培訓，文中引用了

某家諮詢公司的調查報告的內容：「上海短期培訓已進入預熱階段，現在越來越多的人將短期培訓看作是一種投資，是對自我提升的方式。CEO 創新管理研修班的學員大部分是公司的老闆，80% 是來自上海的老闆，其中 60% 以上是民營企業的高階管理人員。」

提供這個數據的諮詢公司主要的業務就是短期培訓，這樣的數據放在報紙上，可以說是為這家諮詢公司做了廣告。

4・媒體報導上的「最優選擇」

百慕達三角現在已成為超自然力量和魔鬼的代名詞。傳說，百慕達三角有一種超自然力量，在 22 年間，經過這裡的 11 架飛機都被這種力量吞噬。這聽起來非常可怕，不是嗎？

可是，2013 年的研究發現，百慕達三角根本就沒有列入「高頻率發生航運事故或失蹤的地帶」。其實，船隻和飛機在世界各地都可能失事，而支持百慕達三角超自然力量這一理論的人卻將這一事實忽視了。為什麼經常有飛機或船隻在這裡失蹤呢？因為這裡只要一發生事故，飛機或船隻都會沉入水底，表現得跟失蹤一樣。試想一下，火車事故在世界各地也時有發生，但卻沒有發生過失蹤事件，原因就是，除了大地塌陷，火車不會被土地吞噬。這種驚奇的新聞你是無論如何也獲得不了的。

這就是故意摘取對自己的觀點有利的訊息加以呈現的行為，欺騙的效果真是非常厲害的，可是欺騙別人，也是欺騙自己，有何用呢？

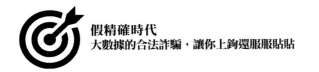

　　說到這裡，你可能會想到交通方式的安全係數問題。

　　我們大家都會有這種感覺，飛機出事故的次數比火車和汽車要高得多。這種結論是從哪裡得來的呢？媒體報導。

　　其實火車和汽車的事故發生率要遠遠高於飛機，但由於飛機只要出現事故，就會是非常嚴重的航空事故，死亡率極高，造成的社會影響極大，媒體的發表性偏倚就發揮了作用，他們往往更樂於報導這樣的事情。這才讓我們產生飛機比火車、汽車等交通方式事故率高的錯覺。

　　網路媒體中其實也有不少「最優選擇」包裝數據的例子。

　　「光棍危機」想必仍然是大家記憶猶新的一個詞彙。某財經大學的一位教授發表文章稱，窮人合娶老婆可以有效解決三千萬光棍問題。一時間網路譁然，人們紛紛議論此事。但不論是支持還是否定，不可否認的是，大家都認可了「已經存在或者在 2020 年之前即將出現三千萬名以上的光棍」這一結論。

　　不過，一位人口學教授及其研究生進行研究後發現，「三千萬名光棍」不存在。

　　「三千萬名光棍」這一說法到底是從何而來的呢？

　　第一個說法來自 2014 年中國統計的最新人口數字。最新數字表示，2014 年年末人口 13 億 6,782 萬人，男性人口有 7 億 79 萬人，女性人口有 6 億 6,703 萬人，男女性別人口數量之差大約是三千萬人。

　　這組數字顯示，中國的性別比為 105.66（女性為一百），處於國際上通行的 103 至 107 的合理區間，也就是說並不算

高。而且這三千萬指的是所有年齡段的男性，而「光棍危機」
指的是適婚年齡的男性，兩者並不具備比較價值。

第二個說法來自數據推演。1990 年中國的出生性別比為
112，2000 年出生性別比為 118，據此推斷：到 2020 年，將會
有三千萬至四千萬名適婚男性無法娶到老婆。

根據出生性別比來推論各年齡段總的性別比，在國際上是
比較通行的做法，因為大多數國家沒有生育限制，所以出生人
數的情況與真實人口情況比較一致；在中國則不一樣，中國
三十年以來實行的是非常嚴格的計劃生育政策，很多家庭漏報
或者瞞報的情況在各地不同程度的發生著，所以據此推斷成年
期的男女性別比，存在比較大的不確定性。

表 1-1　1990 年、2000 年和 2010 年 0 ~ 9 歲的男性、女性人數

年份	0~9歲男性（人）	0~9歲女性（人）
1990	11 268 萬	10 309 萬
2000	11 822 萬	11 020 萬
2010	11 484 萬	11 358 萬

大家都知道，人口數量在死亡率的作用下會逐日減少，儘
管每個年齡段減少的比例不同，但整體程度上是減少的。但考
察完同一個年齡組在不同年齡段上的人口規模後，我們發現，
這個數字並不是下降的，而是上升的。

從上面的表格我們可以看出，2000 年時，男女性別人數
都比 1990 年時要多，而到了 2010 年，男性人數下降，女性人
數仍然是上升的，這些多出來的人數應該是出生時漏報或者瞞
報了的。

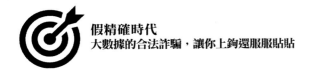

其實，按照適婚年齡來統計的話，2010 年，中國 20 至 29 歲的男性人口數約為 1 億 1,484 萬人，女性為 1 億 1,358 億人，相差僅僅 126 萬人，與所謂的 3,000 萬相比，差距何其之大！

說到底，這又涉及前面我們所講的一個問題——「最優選擇」。人們只想看到自己想看的東西，於是媒體只給用戶提供他們想提供的東西。近幾年來，關於剩男剩女或者性別比例的新聞總是能夠抓住公眾的眼球和神經。表面上看來，這些報導充滿社會問題意識，其實對解決這類問題沒有多大的幫助。相反，這些結論由於缺乏科學的解釋與分析，常常易使社會或公眾對性別問題產生一些誤解。

由此看來，網路還是更喜歡具有憂患意識的標題，「三千萬光棍」這一關鍵詞顯然更有利於傳播。

現在我們來看一下開頭的那三個例子。

本班學生的數學成績整體提高了 30%——這句話只提數學成績，並沒有考慮其他學科，其實也可能是國語、英語等學科的成績下降了呢！

該網站訪問量日成長率達 800%——其實該網站 1 月 3 日訪問量只有 10，而 1 月 4 日訪問量到達 90。

有 35% 的被調查者購買了本產品——這個例子一般會用在公司強調自己的產品受歡迎程度上。但是公司顯然刻意隱瞞了另一點，那就是消費者購買後，有 80% 的人強烈要求退貨。

約翰·霍普金斯大學有三分之一的女學生嫁給了大學老

師——很久以前，約翰·霍普金斯大學開始招收女學生，有人持反對意見，於是作了這樣一篇令人驚嘆的報導。但事實上，該大學只招收了三名女學生，其中一人與大學老師結婚了。

　　儘管數據看起來很真實，但經過「最優選擇」包裝過的數字，千萬不要輕易當真，只要將這種誇誇其談當成一種笑料就可以了。

（二）指鹿為馬，無效的比較

　　我數學成績是 89 分，英語成績是 92 分，英語比數學成績好……

　　10 年以前我的工資才 800 塊錢一個月，現在工資提高很多，一個月 5,000 塊錢，生活水準好多了……

　　本產品優惠 30%，現在優惠程度更高，再優惠 20%……

　　指鹿為馬的花招普遍用在數字單位上。因為真實世界中存在的數字，一般都會附帶某種計量單位，可以是「秒」、「克」、「美元」、「隻」等。當我們在比較兩個數字的大小時，一定要確保兩者的單位是一致的，不然比較毫無意義。

　　比如，35 秒和 35 公尺哪個長？

　　由於單位不一樣，雖然數字相同，它們還是無法做出比較的。

　　但有時候單位的一致與否不好判斷，非常棘手。

1·生活中的數字陷阱

　　下面我來講述一下我在生活中經歷的事情。

　　在很小的時候，在電視上看到，日本人、韓國人購物時動

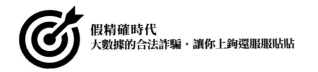

不動就要花幾百元、上千元甚至上萬元。我當時就在想，這兩個國家的物品也太貴了吧，那裡的人們得多有錢才買得起啊！

直到長大以後我才明白，他們國家的「元」和我認知的「元」不一樣。他們的日圓和韓圓與我日常使用的錢有匯率上的很大差異，況且他們國家發行的紙幣面額多種多樣，韓國有高達一萬元和五萬元面額的紙幣，日本也有面額達一萬元的紙幣。

2・票房中的數字陷阱

截至 2015 年年底，全球最高電影票房排名前五位的分別是：

（1）《阿凡達》，27.8 億美元，2009 年；

（2）《鐵達尼號》，21.8 億美元，1997 年；

（3）《星際大戰七部曲：原力覺醒》，20.2 億美元，2015 年；

（4）《侏羅紀世界：殞落國度》，16.7 億美元，2015 年；

（5）《復仇者聯盟》，15.1 億美元，2012 年。

雖然票房數字看起來很高，但這裡面其實是有灌水的。灌水的水分就是「通貨膨脹」因素。如果去除通貨膨脹的因素，再來排名，全球票房最高的前五位應該是這樣的：

（1）《亂世佳人》，17.5 億美元，1939 年；

（2）《星際大戰四部曲：曙光乍現》，15.4 億美元，1977 年；

（3）《真善美》，12.4 億美元，1965 年；

（4）《E.T. 外星人》，12.3 億美元，1982 年；

（5）《鐵達尼號》，11.7 億美元，1997 年。

大家是不是看出其中的巨大變化了？只有《鐵達尼號》還位於排名前五中，而且排名下降了四位。

除此之外，《亂世佳人》在上映之時是 1939 年，那時的物價都比較便宜，幣值也比較小，票價只有 0.5 美元，這與現在 12 美元的票價相比，簡直是太便宜了。

3．工作中的數字陷阱

百分率在生活中能夠產生十分強大的迷惑性，既可以誇大其詞，也能夠隱蔽巨大的數字。

統計學經常運用百分比來描述數量隨著時間推移所發生的巨大變化，使讀者能夠相對直接的有一個比例和背景的感受。

公司老闆為了激起員工的工作積極度，決定為每一位員工加薪 5%。猛一聽，這個決定是多麼的慷慨啊！但是你卻忽視了一點，老闆的年薪是 2,000 萬元，而你的年薪只有 6 萬元。這樣來算，老闆會得到 100 萬元的加薪，而你只能得到 0.3 萬元的加薪。「這一年每個人都將獲得 5% 的加薪」遠遠比「我的加薪是你的三百多倍」溫柔得多，儘管這兩句話本質上是一樣的。

下面我們來看一下開頭的三個例子。

我數學成績是 89 分，英語成績是 92 分，英語比數學成績好——數學成績與英語成績都是以「分」為單位，但是這是兩種不同的考試，你很難單純依靠數字上的差異分出大小，難道你能將這兩種考試的分數相互轉換嗎？如果不能，這樣的比較

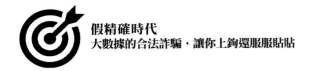

就是毫無意義的。

十年以前我的工資才 800 塊錢一個月，現在的工資提高了很多，一個月 5,000 塊錢，生活水準好多了——工資的多少並不是決定生活水準優劣的唯一條件。雖然在數字上，5,000 比 800 多很多，但是我們不要忽視時間的作用。紙幣的價值是一直在波動的，十年以前的一元與現在的一元，在價值上是不相同的。根據市場經濟的理論與實際生活經驗來看，我們知道，幣值是縮小的，現如今的購買力與以往不能相提並論。再者，我們還要考慮到物價、地價等成本的上升，由此可以看出，單純依靠工資的數字成長來證明生活水準的提高是很膚淺的。

本產品優惠 30%，現在優惠程度更高，再優惠 20%——假如之前產品定價是 50 元，優惠了 30%，現為 35 元。當看到再優惠 20% 的消息時，你可能會以為是 50×（30%+20%），其實不然，實際上是 35×20%。

此物非彼物，此時非彼時，不管是百分數，還是排行榜，再或者是普通數字，請你擦亮自己的雙眼，運轉自己的理智程式，將那些無理取鬧的胡亂對比打回原形。

（三）改一改，數據變了樣

小商小販總喜歡在販賣的蔬菜上噴灑水霧，替蘋果上蠟拋光，這樣做可以讓蔬菜水果看起來更新鮮。同理，數據有時也會被修飾一新，被歪曲得面目全非，表面上看起來光彩照人。

人們在潤飾數據時，想到的辦法可謂是千奇百怪，在這裡我們很難全部描述出來，因為辦法一直在被不停的編造著。不

過，其中最常見的一些手段還是有必要詳細闡述一下的。

1‧平均值，典型值？

A 社區平均每個家庭有 2.5 個孩子……

海鮮自助餐促銷，平均每位顧客能夠帶來 35 美元的利潤……

小河平均水深 0.5 公尺，踩過去沒問題……

我們知道，平均數一般用來表示統計對象的一般水準，反映數據的平均水準，以便於和其他數據組進行比較，看出差別，特點是直接簡明，所以被大量運用到日常生活中。

平均數，確切的說是算術平均數，指的是所有數字相加，然後除以總數。

這樣做有著明顯的缺點，人們往往會把平均值當作典型值。其實這是錯誤的。因為平均數是將所有數據加總，所以不可避免的會受到極端數值的影響。沒有離散值的平均值只有一半的價值。

（1）工作中的平均數陷阱

一家總共擁有八名員工的公司，每名員工的工資都在一萬元左右，工資加總為（1+1.2+1.4+0.9+1.1+0.8+0.8+0.8=8 萬元），除以員工人數（8÷8=1 萬元），即可得出算術平均數。在這個例子中，人均工資可以作為典型的工資水準。

不妨再看另一家員工人數為 8 人的公司，老闆的工資是 6.6 萬元，而剩下的那 7 名員工每人只有 0.2 萬元的工資，算

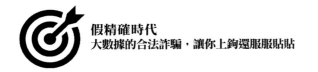

術平均值雖然也是每人 1 萬元，但這個數字無論如何也無法代表典型工資水準。

在這裡，使用中位數來計算典型工資水準則更為恰當。

中位數是指透過將數值高低排序後，選擇的正中間的一個數字或兩個數字的平均數作為中位數。中位數不受極大數值和極小數值的影響，具有代表性。

在上例中，中位數是 0.2，顯然比公司老闆的 6.6 更具代表性。

（2）歷史上的平均數陷阱

美國前任總統小布希在任期內常常提起退稅政策，而每次提起時都會對退稅額數據潤飾一番。他在第一屆總統任期結束時曾這樣說過：「我們已經達成新的退稅政策，今年有 1,100 萬納稅人會少繳付稅費 1,086 美元。」

但這個數字真的準確嗎？

其實，大多數美國納稅人收到的退稅額只有 650 美元左右，與許諾的 1086 美元相差很大。對此，《紐約時報》評論道：「數據本身並沒有說謊，只是有些數據並沒有顯露出來而已。」

只有極少數的巨富獲得了大額退稅，而正是這些巨額退稅干擾了平均值，讓人產生會享受到很高退稅額的錯覺。

（3）公司中的平均數陷阱

平均數思維一般包含這樣一種假設：透過平均數制訂的計劃，得出的結果同樣是平均數。然而，可惜的是，這種假設在

很多情況下是不能成立的。

如果一個總活動是由很多單項活動組成的，那麼基於單項活動的平均數制訂總活動計劃就會出現平均數陷阱。

假如一個公司單位要進行一個專案，這個專案包含五個小任務，而且這些任務要同時進行。不過，每個任務的完成時間不太一樣，分別為四個月、六個月、三個月、九個月、八個月，這樣算下來，平均每個任務的完成時間在六個月。由於所有任務在完成之後才能進行下一步工作計劃，按照平均數思維，六個月之後再進行下一步工作計劃。這樣做的可能性幾乎為零！因為有的任務完成時間高於六個月，這會往後拖延整體專案的進度。

（4）地理學上的平均數陷阱

英國的普利茅斯市與美國的明尼亞波利斯市在白天的年平均氣溫都是攝氏13度，但兩個地方的氣候絕對是大不相同的。

普利茅斯市的年平均氣溫並沒有說明這個地方的年溫度偏差很小這一事實。這裡的氣溫即使在最冷的時候也在攝氏八度左右，在最熱的時候不會超過攝氏 21 度，在這裡從來沒有冰凍與炎熱的區別。所以這裡生長了很多亞熱帶植物，市民幾乎可以在任何地方看到。

但這對於明尼亞波利斯市的農場主來說只是個夢想。這裡在最寒冷的時候幾乎可以把人的耳朵凍掉。寒冷時的平均氣溫是攝氏零下 15 度，炎熱時平均氣溫是攝氏 30 度以上，甚至會超過攝氏 40 度。

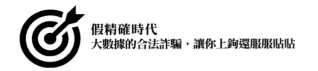

這兩個城市的最低最高氣溫是完全不一樣的，但是透過年平均氣溫計算下來，平均值上並沒有表現出差異。

我們來看一下開頭提到的幾個例子。

A 社區平均每個家庭有二點五個孩子——且先不說 2.5 個孩子的數據有多荒誕，這個數據的產生也是有爭議的。這個社區主要聚居了華裔居民和拉丁裔居民。華裔居民一般只有一個孩子，所以對孩子的教育投入較高；拉丁裔居民孩子較多，孩子的學業基本靠自覺。所以，當培訓機構在考察客戶市場時，按照平均數來設計培訓項目和收費措施，那可真是大錯特錯了。

海鮮自助餐促銷，平均每位顧客能夠帶來 35 美元的利潤——推出促銷政策，顧客自然會蜂擁而至，但是店家所設想的 35 美元平均利潤不會實現。因為他忽視了顧客在自助消費時的變動因素，也就是說，顧客消費越多越划算，本來店家預計顧客每人吃一小部分就吃飽了，但很多顧客的消費量會超過原本店家預計的量，從而導致店家成本增加。不僅如此，由於自助海鮮的供不應求，海鮮價格也上漲很多，店家的利潤自然下降。

小河平均水深 0.5 公尺，踩過去沒問題——小河深度在各處是不一樣的，雖然平均水深不足以淹沒人，但有的地方很淺，有的地方卻很深，可能深達 2 公尺，如果迷信平均數，很可能會遭遇「沒頂」之災。

平均數雖然使我們的數據變得簡單、可度量，但同時也掩蓋了很多數據上的缺陷，使我們看不到數據中的結構訊息，對變動和誤差沒有概念。所以，我們要正確看待數據，在應用平

均數時多配合使用其他的變異指標，來分析整體分布的離散程度，客觀反映整體的全貌。

2・圖表，徒有其表

圖表是數據的視覺化描述，其優點在於能夠使人直接的看出效果。因此，別有用意的人或機構經常在這上面做手腳，胡亂修改圖表的樣式，使圖表在受眾的心目中印象更深刻。

修改圖表樣式的方法同樣是多種多樣的。

（1）圖形元素作單位

某一年 12 月，美國白宮在官方推特上發送了一則消息，稱美國高中生畢業率已經達到歷史最高水準（如圖 1-1 所示）。

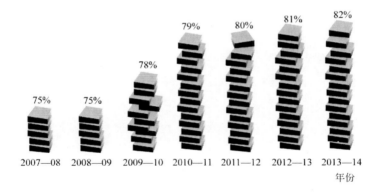

圖 1-1　2007—2014 年美國高中生畢業率

人們觀察後發現，數據圖很有蹊蹺。因為數據圖的數字單位都是用書本的圖形元素來表現的。5 本書表示 75%，16 本書表示 82%，這是什麼意思？按理來說，這應該是柱狀圖，縱軸以零為起點。

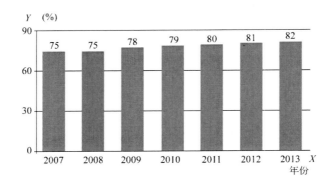

圖 1-2　2007—2013 年高中生畢業率的數據圖

　　看到真實的情況以後，我們發現，畢業率的逐年變化並沒有其他人所說的那麼大，對吧？

　　（2）Y 軸都以零為起點，細微的變化難以察覺

　　某雜誌在報導全球暖化的時候，附上了一張圖表，可以說，這張圖表是當年最差的圖表，因為圖中的折線幾乎沒有什麼波動，十分平穩，讓人感覺工業革命以來的氣溫變化不是很大。但仔細一看就會發現，圖表中的 Y 軸以零為起點，最高值在 120，5 個數字為一個單位。我們知道，氣溫哪怕只升高攝氏一度，也是非常明顯的變化，可這張圖表卻將這一變化隱藏在細化的數字中了。

　　由此我們可以得出結論，並不是所有的折線圖都必須使 Y 軸以零為起點。要想準確呈現極其細微的變化，我們不妨把 Y 軸的起始數據調高。

　　（3）改動圖表刻度

　　這一方法和上一種方法正好相反，是人們為了想要突出某

種劇烈的效果而故意將 Y 軸的起始點設置得很高。

比如，有一款減肥茶，為了宣傳產品對消費者的減肥功效，經過市場調查後，將數據做了潤飾。將 Y 軸（膽固醇濃度）的起始點設置為 190，而最高點只有 210，這樣當潛在消費者看到圖表時（如圖 1-3 所示），會產生大多數消費者食用減肥茶得到了不錯的減肥效果這一錯覺，從而被吸引前去消費。

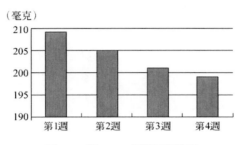

圖 1-3　第 1 ～ 4 週膽固醇濃度

透過改變圖表刻度的辦法，這款減肥茶將其所帶來的減肥效果成倍放大了。其實真正的效果圖如圖 1-4 所示。

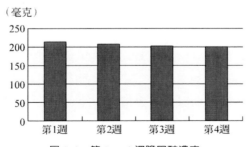

圖 1-4　第 1 ～ 4 週膽固醇濃度

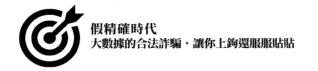
五、拙劣的數字謊言

數字謊言在生活中其實是屢見不鮮的，但大多數經過巧妙偽裝，人們很難在很短時間內識破。不過，也有一些數字謊言非常荒謬，只要擁有一些生活常識，就可以輕鬆識破。

（一）廣告中的數字謊言

作為消費者，我們大家經常會在果汁飲料類的廣告中看到「百分之百純天然果汁」之類的廣告詞。這樣的廣告詞本意是為了突出果汁的純度，強調果汁含量較高的特點。不過，廣告詞中宣稱的「百分之百純天然」，在如今的工業化規模生產時代是不可能實現的。

果汁飲品要想保證色澤鮮豔、味道香甜、口感鮮滑，一定會加入某些工業製劑，其中最典型的就是色素。至少，防腐劑和穩定劑是必不可少的。按照國家標準，只要這些化學製劑的成分和含量符合規定，就不會傷害消費者的安全和健康，與此同時還能幫助消費者使用產品，這些製劑的名稱和含量也會在包裝上公布。

當我們購買了號稱「百分之百純天然」的果汁飲品，再對照包裝上安賽蜜（甜味劑）、增稠劑等成分的標示，心裡難道不會對廣告數字的真實性產生懷疑嗎？

（二）網路中的數字謊言

如今，各大直播平台之間的競爭日趨激烈，在這個行業

內，人們有兩點疑問：主播的身價如何？主播的觀眾人數到底是怎樣的？

尤其是主播的觀眾人數，人們普遍認為，直播間顯示的當前觀看人數和實際觀眾數量差得太遠。

某主播在某遊戲直播網站直播時，居然顯示其觀眾人數為13億！我們知道，現在中國的總人口約為13.68億人，要按照網站上顯示的數字來理解的話，意味著幾乎全中國的人都在觀看他的直播。本來直播平台難免會刻意誇大自己的直播數據，但這樣做實在是荒誕滑稽！

（三）投資中的數字謊言

為了提振急遽降溫的經濟成長，刺激經濟發展，2012年8月，天津和重慶將在之後的幾年裡在汽車、石化、電子和先進設備等產業投資一點五萬億元。截至2015年，將會向節能減排領域投資2.4萬億元。除此之外，這一段時間也宣布了大大小小總共十多項投資計劃。按照表面數字來算，這些舉措已經遠遠超過了2008年全球金融危機那段最嚴峻時期，所發表的四萬億元經濟刺激預算。

這很明顯是不切實際的。至於為何這樣，其實是官員對他們能夠從境外、國有企業、民營企業或者中央吸引到的投資做出了樂觀的預測，並不是真的計劃在未來幾年支出的預算。某經濟學家就曾表示：「你不能對這些表面數字太認真，因為它們都被加以誇大了，而且它們正在相互攀比著宣布更龐大的數字，希望這樣可以吸引外資和中央的投資。」

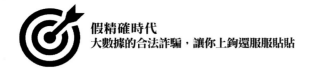

(四) 所謂的「公式」

　　某些學術機構習慣於為每個事物制定一系列的公式，全然不顧數學語言能否描述這一規律。而媒體看重話題，為這些公式的推出推波助瀾，塑造所謂的科學權威，一點也不害怕吞食這些虛假規律所帶來的消化不良。

　　（1）幸福公式

　　幸福 =P+（5×E）+（3×H）

　　公式中有三大變量，只要弄懂了每個變量的含義，就能理解這個公式。

　　式中，P= 個人性格，樂觀或悲觀；

　　E= 生存狀態，健康或生病；

　　H= 高層次需求，自尊心滿足與否。

　　整個公式一看便知毫無意義。我們都知道，性格、健康和自尊心，這些是不能計量的。其實，這個公式就是建立在虛假數字上的空洞之物，經不起推敲。

　　（2）痛苦公式

　　痛苦 =1/8W+3/8(D-d)·TQM·NA

　　式中，W= 天氣；

　　D= 債務；

　　M= 上進動力；

　　NA= 受關注的需要。

我們看到，這個公式也是沒有任何數學意義的。但是它居然證明出 1 月 24 日是 2005 年最令人憂愁的一天！

（3）愛情公式

愛情是看不見、摸不到，但又能讓人抓狂的一件事，戀愛是否成功，取決於很多因素。不過，一位數學家聲稱，他已經找到了一個能夠計算愛情持續時間的公式。

$$L=8+0.5Y-0.2P+0.9Hm+0.3Mf+J-0.3G-0.5(Sm-Sf)2+I+1.5C$$

式中，L 為愛情持續時間；

Y 為戀愛之前認識的時間；

P 為雙方的前任數量之和；

Hm 為男方認為誠實對戀愛的重要性；

Mf 為女方認為金錢對戀愛的重要性；

J 為雙方認為幽默的重要性的總和；

G 為雙方認為外表的重要性的總和；

Sm 和 Sf 為男女認為性的重要性；

I 為雙方認為對方父母好壞的重要性的總和；

C 為雙方認為小孩的重要性的總和。

公式挺長的啊！

但這個公式可信嗎？一名記者利用一個下午的時間，對一些毫無防備的男性朋友進行了計算，結果發現她與其中一名男性的愛情持續時間為 12.9 年。可是她並不喜歡他，儘管幸福

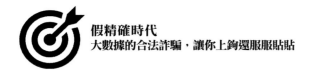

持續時間很長，所以她並不想嘗試開始這段感情。由此可見，
這套愛情公式並不是那麼科學。

第二章
風險中的數字陷阱

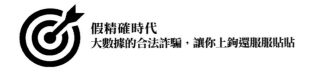

社會上的風險無處不在，讓人難以捉摸。大多數人都不善於預測風險。有時，風險是一樣的，但是人們對風險的辨別能力有限，因此他們並不是基於理性判斷，而是基於權威人士的措辭來確定風險大小。

一、虛假的「小」風險

作為感性與理性相結合的人，我們是非常容易被他人操控的。當遇到風險炒作時，我們不容易發覺，很容易成為風險炒作的犧牲品。風險炒作的數字騙術與其他數字騙術相比，具有更嚴重的影響，因為它意味著一筆大生意就要達成了。

（一）科學中的「小」風險

航空業的巨擘理查一直以來都在挖空心思慫恿私人投資者。他名下有一家民營航太企業，據稱在企業創辦的開始五年內，將要把三千名旅客安全的送到太空。該公司還在官方網站上自吹自擂，稱自己擁有每年運送數以百萬計的遊客的經驗，安全記錄一直得以保持。

我想，大家一看便知這是在胡說八道。太空旅行和乘坐飛機、火車旅行可不是具有可比性的事情，公司這樣說顯然是在蓄意降低太空旅行的風險。其實，在整個航太歷史中，載人火箭升空，乘客遇難的比例高達1%，並且這種風險不太可能在短期內降低。

1%這個數字看起來很小，但就風險本身而言，卻高得極為可怕。按照飛機航行來算，如果民航客機的失事率高達

1%，就意味著每天大概有275架飛機失事，約兩萬人遇難。如果出現這種情況的話，整個航空業也將遭遇滅頂之災。1%的風險機率會讓任何一種交通類型都無法發展商業營運。

該公司預計每週發射一次，那麼連續營運兩年而且不出現遇難悲劇的可能性只有1/3，也就是說，公司把三千人平安送達太空並安全返回的機率只有0.5%。這樣來看，太空旅行的安全係數太低了。

公司之所以蓄意說低風險，是因為它可以為公司帶來豐厚的收益。確實如此，這套說辭說服250多名旅客繳納了三千萬美元的太空旅行費用。不僅如此，政府和大眾也被公司的說辭說服了，政客們開始花費千萬美元，甚至州長決定撥款2.25億美元建設一個太空船發射降落場。該州的其中兩個郡甚至為此制定了一項新的營業稅政策。

（二）金融中的「小」風險

在金融界，有些人常說小風險同樣也可以獲得巨大收益。實際上風險和收益其實是對等的。如果投資十分安全，風險很小，那麼，你只能賺回極少的收益。假如你想要獲取豐厚的收益，你就必須承擔極大的風險，做好無法收回成本乃至血本無歸的心理準備。一名成功的投資者並不是每一次投資都會得到回報，而是盡力將投資回報率最大化。如果你想要別人給你投資，就必須給予他們最小的風險和最大的回報。風險越小，人們就越願意付給你錢。

在出事之前風光無限的一家投資公司，大肆宣傳「一元

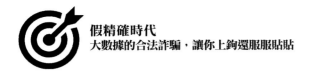

起投，隨時贖回，高收益，低風險」的口號，稱預期年化收益率在 9% 至 14.6%，比一般的理財產品遠遠高出一大截。很多投資人為這家公司的保本保息、靈活支取所心動，紛紛出錢投資。

結果，這家公司在短短一年半的時間內吸引了 90 多萬投資人，吸收資金高達 500 億元。

上面我們已經說過，想要豐厚的收益，就必須要承擔巨大的風險，所以「高收益，低風險」的話是不能信的。之所以人們還是相信這種「神話」，除了被利益沖昏頭腦外，也有受網路金融神話的影響。

這一切都是源自某理財產品，其年化報酬率為 6%，讓理財途徑很少的草根們看到了希望，以後再聲稱 10% 以上收益率的 P2P 出現，多少讓人們心中看到了與其相仿的影子。當某個 P2P 產品被曝光「騙局或傳銷」等負面消息時，人們仍然追捧這款產品。

很多人心裡想錯了，以為只要跟網路金融有聯繫，就一定可靠，就能錢生錢。其實，網路金融所做的與傳統的金融機構放貸並沒有太大不同。

二、虛假的「大」風險

要問哪裡是存在誇大風險最盛的地方，那非新聞媒體莫屬了。新聞報導的情節越驚人，關注的人就越多。

（一）科學上的「大」風險

在 2000 年之前的一段時間，關於小行星撞擊地球的傳言就曾流傳一時。1998 年，一顆體積較大的小行星被發現，新聞記者從中嗅出了新聞的味道，於是以「2028 年 10 月 26 日就是我們的世界末日」作為標題吸引讀者。2002 年時，又發現了一顆小行星，人們又開始擔憂，世界末日可能是在 2019 年 2 月 1 日。

為此，天文學家再三表示，小行星與地球碰撞的機率是很小。但是新聞記者並沒有理會，仍然繼續誇大風險。其實，不管多麼不切實際，每個世界末日的預言都能在媒體上引起大眾的廣泛關注。

我想，很多人應該對 2012 年 12 月 21 日這一天印象深刻吧。因為這一天是所謂的馬雅預言「世界末日」的那一天。而關於這一天是世界末日的說法其實是一個騙局。

馬雅曆法中，馬雅人並沒有把 2012 年 12 月 21 日當作世界末日。馬雅曆法將 1,872,000 天作為一個輪迴，也就是 5,125.37 年。他們將最初的計算時間追溯到馬雅文明起源的時間——西元前 3114 年 8 月 11 日，到 2012 年 12 月 21 日時，意味著一個輪迴的結束，曆法就要重新計算下一個輪迴。簡單來說，這只不過是重新計時的一種方式，跟 2000 年開始二十一世紀或者中華民國成立時採用新的紀年方式是同一個道理。

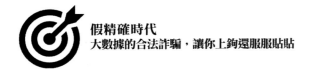

（二）生活上的「大」風險

往往由於措辭方式不同，儘管真實含義是一樣的，但你也可能會從中錯誤的悟出更大的風險。

假如有人告訴你，每 100 個人裡面有 25 個人在每年的交通事故中受傷；緊接著又有一個人告訴你，一萬個人裡面，有 2,500 個人因為交通事故而受傷，這兩種情況你更擔心哪一種？

只要你足夠警醒，足夠細心，你會發現這兩組數字表示的是同一比例：四分之一的人會因為交通事故受傷。不過這兩種說法確實會讓讀者產生不同的理解。

除了同一比例，哪怕真實比例相差很大，採用這一方法描述後，人們還是會增加判斷出錯的機率。

假如某本雜誌對一項研究做了實驗，然後給出了兩種說法：「電腦遊戲導致一萬名學生中 1,498 人患上頸椎病（比率是 15%）」，「電腦遊戲導致 100 名學生中 25.15 人患上頸椎病（比率是 22.15%）」。儘管實際上，後一種說法的頸椎病風險差不多是前一種說法的兩倍，但讀者普遍認為前一種說法反映了更高的風險。

三、風險也分相對與絕對

我們對那些無法控制的風險總是感到恐懼，但如果自己可以控制，即使風險發生的機率很高，也不會產生很大的恐懼。

高速公路上車禍的發生率很高，但因為人們能夠自己控制方向盤，自己來決定是否冒險，所以沒有人會覺得害怕。

我們總是習慣憑藉經驗、數字或者個人的情感、喜好來評估風險，不加理性的思考，產生的結果就是——我們不認識風險。

(一) 科學上的風險

媒體報導上刊出了國際最具權威的雜誌發表的最新研究論文。論文指出，膽固醇值較高的人患心臟病的機率比一般人要高 50%。我想，膽固醇值較高的人看過之後肯定會非常不安。但這句話到底反映出了什麼訊息呢？

我們先來看膽固醇值正常的人，一般每 100 人有 4 個人在未來的十年內患心臟病；同樣的年齡，膽固醇值較高，則有 6 個人患心臟病。

膽固醇值高，患心臟病的人數比不高的人數要多 2 人，正好是 4 個人的 50%。

由 4 人增加到 6 人，意味著相對風險提高 50%。那麼，絕對風險如何變化呢？其實，在這個例子中，絕對風險只提高了 2%，也就是增加的 2 人占 100 的比例。這樣的比例肯定對膽固醇值較高的人產生的衝擊力小得多。

(二) 生活上的風險

公益廣告或者交通告示中或許曾有過這樣的話：「坐車繫好安全帶，危險降低 15%。」其實，這句話並沒有說清楚降低

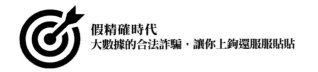
的危險是相對風險還是絕對風險。

　　一般坐 70 年的車，產生車禍導致重傷的機率是 20%，按絕對風險來算的話，20%-15%=5%，這表示繫好安全帶能夠大幅度降低安全風險，受傷機率只有 5%。但要按照相對風險來算的話，20%×15%=3%，20%-3%=17%，這表示繫好安全帶雖然有效，但效果並不是非常突出，只能降低風險到 17%。

　　其實，機率的相對與絕對這一類陷阱不僅僅體現在風險上，在生活的其他方面也有可能會遇到。

　　現如今，懷孕的婦女很想提前知道自己即將出生的孩子性別是怎樣的，於是在醫院做超音波檢查。

　　男嬰的機率是 90%；女嬰的機率是 70%，甲女士檢查結果是男嬰；乙女士檢查結果是女嬰。大家覺得甲女士與乙女士相比，是否更有把握知道自己孩子的性別呢？

　　很多人想當然的看到 90% 與 70%，字面數字比較大小後，就武斷的判定甲女士更有把握。其實，事實恰好相反。

　　現在我們假設兩百名孕婦同時接受了檢查，100 人懷男嬰，100 人懷女嬰，按照上面所說，懷男嬰的 100 人中，90 人在檢查之後得到了正確的結果男嬰；懷女嬰的 100 人中，30 人得到了錯誤的結果男嬰，也就是說，檢查結果為男嬰的孕婦中，生下男嬰的機率為 90÷(90+30)=75%。

　　懷女嬰的 100 人中，70 人檢查之後得到正確結果女嬰；懷男嬰的 100 人中，10 人獲得錯誤的結果女嬰，所以實際上會產下女嬰的機率為 70÷(70+10)=87.5%。

看來，如果不熟悉統計，我們就很容易掉入數字陷阱，因為統計數據的面貌太多樣了，在一定程度上會擾亂我們的思維。

四、科學謠言扎根於數字陷阱

健康，是每個人都特別關注的話題，而與健康有關的科學話題，同樣被人們不斷關注並談論。但是，人們在看到某個科學報導時，可能會因為報導本身的表述方式而做出錯誤的解讀，有的時候還會在轉述的過程中誇大問題。一般情況下，數字能夠對一個問題做出比較明確的說明，但在科學問題上，數字也有可能迷惑大家，讓人誤解，尤其是在人體健康領域，此問題更為突出。

（一）「大」數字

科學雜誌上對癌症研究發表的觀點表示：每 100 人裡就有 25 個人因患有癌症去世。如果別人在看到這篇報導後，向你轉述時這樣說：1,000 個人裡，有 250 人因患有癌症去世。你覺得哪個更讓你恐懼？

如果你冷靜下來觀察，就會發現比例是一樣的，都是四分之一的人因為癌症去世。如果你不冷靜，可能就會產生誤解。

再看一個例子：「每天大概有 100 人因患有癌症去世」與「每年大概有 36,500 人因患有癌症去世」，這兩者相比，讀者會認為第一種說法風險小得多，其實這兩種說法風險都差不

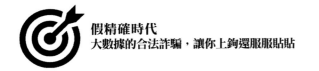

多，只是數字越大，人們心裡就會感覺風險越大。這只是心理錯覺而已。

（二）風險「相對論」

人們多少都讀到過如下科學研究結論：「每天食用培根三明治會使腸癌機率增長 20%」、「茶水太燙，飲用後使食道癌機率增加 8 倍」、「食用柚子會使更年期的女性患乳腺癌的風險提高 30%」……以上這些數字是用來表示健康的風險的，意思是說，食用這些食物之後，與沒有食用的人群相比患病的可能性要增加。然而，這些數字只是相對風險，並沒有向我們提供絕對風險。

對一般人來說，一生患上腸癌的機率只有 5% 左右。如果每天吃一個培根三明治增長 20% 的機率，那麼，5%×20%=1%！絕對風險只增加了 1%！這種數據與 20% 相比，總會讓人平靜許多。

（三）關聯不是因果

如果說看電視與死亡率掛鉤，你聽到後還敢看電視嗎？以前，曾有過一個關於「看電視時間與死亡率」的研究。這一研究項目的研究人員歷時 6 年，總計追蹤調查了 8,800 人，對他們的健康、生活習慣和看電視的行為做了詳細的了解。這些人中，有 284 去世。研究人員得出結論：每天看電視時長超過 4 小時的人，死亡率比觀看兩個小時以下的人高 46%。結果，人們在傳播科學家的研究結論時，這句話變成了「科學家說，電視使人死亡。」多麼令人恐懼的結論啊！但是這些人，犯了將

關聯關係解釋為因果關係的錯誤。

這項研究並不是側重在電視上，而是關注久坐時間與死亡率的關係。因為人們看電視容易久坐，所以看電視只是其中的一種常見方式。研究指出，人一久坐，心臟病等疾病導致的死亡風險會顯著增加，但只是兩者有關聯而已。

（四）毫無意義的比較

有時醫學數據會被某些人利用，來實現某些不為人知的目的。

美國一名前市長在競選時曾說，美國前列腺癌症患者的倖存率達 82%，而英國只有 44%。儘管這兩個數據都是正確的，但這種比較太容易使人誤解了，因為美國和英國的前列腺癌症診斷方式不一樣。這位前市長引用的是五年倖存率，也就是說患者在五年內倖存的機率。在美國，前列腺癌症被篩查診斷確定，而英國的病人在出現症狀以後才會知道自己患上前列腺癌症。由於前者檢查出來的問題比較早，所以會盡快採取治療，並且由於篩查準確率有限，經常會誤診，這使得病人的基數很大。由於比較的基礎不同，強行比較只會產生誤導。

（五）離開劑量談毒性？請不要耍流氓

萬物皆有毒，關鍵看劑量。

——巴拉塞爾薩斯（現代醫學鼻祖，瑞士醫生）

如今速食文化盛行，一篇關於食品安全的報導要想在資訊洪流中脫穎而出，被讀者關注，最重要的就是要懂得「吸睛大

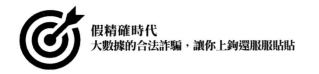

法」。使用一個聳人聽聞的標題是再合適不過的辦法了。

經檢驗，×××竟含有×××，長期大量攝入或導致 ×××。

怎麼樣？這樣的句式是不是很熟悉？

看了巴拉塞爾薩斯的名言，我們可以這樣理解，「長期大量」似乎是一個不變的真理。但科學家在描述具體事物的時候可不會如此籠統，不然就會有不懂裝懂的嫌疑。科學家在描述食品衛生事件的時候，一般會包括以下內容：

人群特徵，年齡劃分；食物攝入的時間長短，次數多少；攝入途徑，如何吃的；攝入量……

在某產品的錳超標事件中，國家食品安全風險評估中心給出了這樣的科學意見：成年人每天攝入10毫克錳不會對身體造成健康威脅。所以，當你下次在新聞報導中再次看到像「長期大量」這樣籠統的詞彙時，你在心裡知道它是在誇大其詞就行了。你可以在心裡追問一遍：食用的量有多少？食用了多長時間？都產生了哪些危害？

第三章
注意：迴歸分析也有陷阱

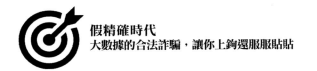

　　迴歸分析是確定兩種及以上變量之間的相互關係的統計方法。它在研究現象之間的相關性等問題上表現突出。但是在進行建立迴歸模型和分析時，如果不能處理好變量之間的關係，很容易落入其中的誤區，出現邏輯錯誤。

一、數字相關 ≠ 因果聯繫

　　相關性並不是因果關係，儘管兩件事差不多相伴發生，也不表示它們之間就一定具有因果關係。這本是不用刻意講的基本常識，但很多人經常弄錯。這是無視統計學的一種表現。每當我們看到那些基於這種錯誤的言論時，簡直不能相信，他們為什麼會上當。

　　但是有太多的人犯過這種錯誤，當測量 A 的變化時，同時看到 B 的變化，就斷然宣布這兩者之間存在因果聯繫。

　　2014 年英國雜誌《經濟學人》發表文章稱，美國的自閉症兒童在最近八年內增加了 120%，而這一年，中國的國民人均收入也大幅度成長，成長幅度高達 8%。中國人均收入和美國的自閉症兒童患者數之間具有一個正相關的顯著統計學意義的關係。之所以這樣，是因為這兩者在同一時期都出現了快速上漲的趨勢。但你能說這兩者之間存在因果關係嗎？

　　哪怕中國的人均收入減少，也絲毫影響不到美國自閉症兒童的數量變化。

　　如果上述案例中，人們非要將中國人均收入的成長與美國自閉症兒童的數量強扯到一起，推測它們的因果關係，那就是

犯了「因果詭辯」的錯誤。

其實，「因果詭辯」在營養學和衛生學方面出現得更為普遍。有的人可能會因為相信了「因果詭辯」而改變了自己的飲食習慣。

（一）醫學上的數字陷阱

在華盛頓大學就職的約翰·奧爾尼帶領一群精神病學專家研究發現，阿斯巴甜製品投入市場三至四年後，腦瘤患病率以驚人的速度上升了。這在當時的醫學界是一條大新聞，立刻在全球各地成為頭條。這使得很多人不敢吃含有阿斯巴甜的食品了。

數據顯示，在阿斯巴甜被批准投入產出的 1981 年，腦瘤發病率為 5% 多一點，但到了之後的三至四年，腦瘤發病率急遽上升，從 1985 年的 5.2% 一直上升到 1991 年的 9% 左右。

但這種言論純粹是誇大其詞，因為這種聯繫其實根本就沒有說服力。雖然阿斯巴甜製品的消費量與腦瘤患病率都提高了，但很多事物都在這一時間段呈現上升趨勢，比如有線電視的安裝數量、隨身聽的數量、某著名演員的演藝事業等。1981 年正是雷根總統上台之際，那時美國的行政開支也急遽升高，兩者之間也具有驚人的相關性，但你不能寫一篇論文來論述財政赤字與腦瘤患病率的因果關係吧？那樣的話就太荒謬可笑了。

1996 年喬爾·布林德統計分析顯示：女人墮胎後得乳腺癌的機率會增加 30%。但是這一資訊具有很強的誤導性，這個結

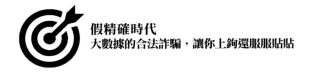

論混淆了關聯性和因果性的不同。如果患乳腺癌的人和墮胎的人數量上有關聯，即使程度輕微，那麼也只能說是「關聯」，而不是墮胎「造成」乳腺癌。

有數理統計和科學說明了這一點，同時常識也發揮了作用。在強烈反對墮胎的地區，大多數婦女在調查時不會承認自己墮過胎。這種現象在不反對墮胎的區域也可能發生。墮胎是一件極其隱私的事，為什麼要冒著洩露隱私或者給自己形象抹黑的風險告訴統計機構實情？

此外，如果這些數據是從一部分女人，比如只從患有乳腺癌的女人中提取這些數據，結果就會與總的情況大不一樣。因為身患乳腺癌的女人比起沒有患這種病的女人更容易承認自己有墮胎經歷，能更誠實的面對自己的醫療史。不過這個因果關係也無從考證。

但是得乳腺癌的女人對自己是否墮胎的事情越誠實，也就說明沒有患乳腺癌的女人是否有墮胎史的數據越難蒐集。所以我們並不能確切知道有多少墮過胎的婦女沒有得乳腺癌。

還有一點值得注意，布林德是先得出結論之後再進行調查研究的。《科學新聞》拒絕刊登他的信件，因為其中有些觀點與雜誌社有關懷孕和乳腺癌的一篇研究文章不一致，他本可以採取另一種做法的。

布林德公開研究成果兩年以後，另一項研究發現墮胎「不會額外增加患乳腺癌的風險」，此外，美國國家癌症研究所 2003 年研究會否定了「墮胎女性更容易得乳腺癌」這一結論。

（二）網路上的數字陷阱

　　Google 在 2008 年推出了流感趨勢系統，以此來監測全美的網路搜尋，尋找與流感相關的關鍵字。它們透過這些搜尋結果來提前預測流感就醫量。不過，在 2008 至 2013 年，它做出的預測都嚴重高估了流感病例的數量。

　　英國的研究人員透過研究發現，到 Google 進行搜尋的人有兩類：感冒患者和對感冒話題感興趣的跟風者。第一類人的數據很明顯是符合實際的，可以為預測提供真實數據。但第二類人的社會化搜尋就直接導致了 Google 預測的失敗。流感搜尋量與流感患病量之間只具有相關性，而不是因果聯繫。這是 Google 預測失敗的根本原因。

　　兩個事物之間具備關聯關係，不能代表其中一個事物引起了另一個事物的變化。在條件不充分的時候證明這種關係，很容易陷入相關關係的謬誤，導致數據不真實。相關關係的謬誤一般分為以下三種。

1・機緣巧合產生的相關關係

　　某些幾乎不可能發生的事情，出於偶然，你可能蒐集到了證明它存在的證據，但第二次蒐集數據時可能就無法證明這個結論了。

2・聯合變動

　　這種關聯關係確實存在，但我們不能分辨出何為因，何為果。比如，收入和擁有的股票之間便是這種關係：擁有越多的

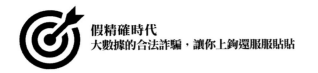

錢，便能買到更多股票，同時，手頭上的股票越多，又可以為你獲取更多收入。這也就是我們要在本章第二節中要講到的內容。

3‧顯著相關性，變量之間毫無影響

抽菸者與成績差就屬於這種相關謬誤。還有一個真實的統計案例，也反映了這種虛偽相關。比如，美國曾經就有人指出，在麻薩諸塞州，長老教會會長的收入與哈瓦那蘭姆酒的價格之間密切相關。

在這一結論中，誰是因，誰是果？我們是否能從中確定教會會長從蘭姆酒貿易中獲益，或會長支持該貿易？實際上，會長收入和蘭姆酒價格還受到了第三個因素的影響，即世界範圍內的物價上漲。

雖然經驗告訴我們「眼見為實」，但眼睛告訴我們的「真相」有時卻會隱瞞或誇大。因此，我們必須掌握一些技巧，讓自己不被貌似「科學」的結論愚弄，從而輕鬆的走出迷宮。

二、A 和 B，哪個是因？哪個是果？

我們不僅在相關性與因果關係上容易混淆，有時還對因果關係中的兩者產生混淆。明明是 A 導致了 B，但我們卻認為是 B 導致了 A，這就是「因果倒置」的問題。

（一）科學界的因果倒置

1996 年，科學界流傳著這樣一種說法：如果女性臀部和腰部的圍度比較大，她們生男孩的機率就比較大。但仔細一想，這種說法完全靠不住。因為我們都知道，胎兒的性別是由精子類型決定的。帶 X 染色體的精子生女性，帶 Y 染色體的精子生男性，只帶 X 染色體的精子與受精卵結合，如果不是發生基因突變，胎兒的性別就已經注定是女性了，又怎麼會受到臀部與腰部圍度比的影響。

可能是因為男孩的頭一般比女孩的大，懷上男孩時，母親的骨盆韌帶會被拉緊而延長，從而使母親的臀部與腰部圍度比相對於分娩前要大得多。這種影響如果真實存在的話，那麼研究人員可能是犯了因果倒置的錯誤。

（二）經濟上的因果倒置

曾經有過一個關於「債務導致健康狀況惡化」的論斷。這是一個因果倒置的典型案例。研究人員經過調查研究發現，一個人的信用卡債務越多，他的健康狀況就越差，由此他們斷定，沉重的負債導致了人們的身體不健康。

但是我們清楚的知道，健康狀況糟糕的人比健康的人有著更差的經濟狀況。因為不健康，他們必須支付醫療費，而且有的時候疾病還會影響他們的工作，導致賺的錢更少。

德國《焦點》週刊在 2011 年報導：2010 年德國有十萬多人破產，而遭遇破產的原因中嚴重的疾病占 10% 以上，基本與離婚或創業失敗持平了。所以，研究人員雖然看出了債務與

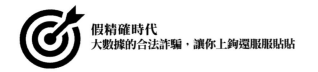

健康狀況之間的關聯，但他們顯然沒有正確的判斷因果關係，而是匆忙得出了錯誤的結論。

請問收入和股票之間，哪一個為因，哪一個為果？

其實，收入與股票同為因果，因為你的收入越多，才能買更多的股票，而股票越多，在經濟狀況良好的情況下，收入也就越多。這是一種良性循環。在這裡，簡單的認為收入增多導致股票增多，或者股票增多導致收入增多，都是片面的思維。

美國在幼兒園到十二年級的兒童教育上投入多的州，其經濟成長率明顯要高於投入少的州。但是我們無法看出其中的因果關係方向。因為我們既可以說教育上的投入推動了經濟發展，也可以說是經濟實力較強的州才能在教育上充分投入，所以成長的經濟帶來了教育的投入。我們還可以說，是教育支出推動了經濟成長，反過來又繼續為教育增加投入，兩者之間互為因果。

（三）學習上的因果倒置

你覺得上課的費用和上課成績好壞之間有因果關係嗎？哪個為因，哪個為果？

舉一個更具體的例子，上高爾夫球課的時間與打球的成績有何關係呢？高爾夫球一場要進18洞，用的桿數越少表示成績越好，那上高爾夫球課的課時與每場18洞練習的平均桿數之間有什麼關係呢？經過大量的調查研究，研究人員得出這樣的數據：當學費在0至300美元時，學費越高，平均桿數越低；當超過300美元時，學費越高，桿數越多。在300美元以上

時，上的課越多，打球成績越差，這是為什麼呢？可能你會覺得，應該是打球成績差，所以要上很多的課來學習進步，但事實往往不是那麼簡單，這個結論可以有兩種解釋：教練教得太差，學的時間越長，打球成績反而沒有得到提升；狀態不好時總是會想著多上幾節課，於是狀態不佳導致了更多的課程。

所以，你看，打球成績差和課程多之間的因果關係很容易造成混淆。

（四）廣告上的因果倒置

看廣告與購買商品具有什麼樣的相關關係呢？在一項調查中，研究人員問被調查者是否在過去一個月之內看了某品牌的廣告。購買這一品牌產品的 100 人中，有 62% 的人說看過；未購買商品的 200 人中，有 79% 的人說沒看過。透過這個例子我們看出購買者對廣告的認知率較高。一般來說，我們會想到「看到廣告的人，或者對廣告印象深刻的人購買的可能性更高」。誤差值只有 0.1%，可以忽略不計。但是，在統計之後，我們必須要注意因果關係方向這個問題。上面這一數據和統計分析的結果，將因果關係反過來也是可以成立的。也就是說「因為看了廣告而購買商品」和「因為購買了商品而對廣告印象深刻」這兩個假設都是有可能的。

（五）教育上的因果倒置

有研究者曾對家長做過問卷調查，旨在分析兒童玩暴力遊戲與犯罪的關聯，結果發現，少年犯罪者中玩過暴力遊戲的比率很高。但這樣就支持「減少暴力遊戲能夠減少少年犯罪」的

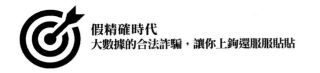

觀點嗎？答案是尚無定論。

如果兒童都玩過同樣的一種暴力遊戲，有些孩子變成少年犯，其父母就會認為是暴力遊戲的錯；而有些則沒有，父母則會認為這個遊戲是適合男孩子玩的戰鬥遊戲。對於同一款遊戲，雙方父母的態度不同，視其為洪水野獸的父母與毫無偏見的父母，其孩子的犯罪率有很大不同，所以這種因素也要考慮進去。假使不將這種因素考慮進去，我們應該假設沒有遊戲的影響，人類其實本身就具有暴力傾向。嚴格來說，那些具有嚴重暴力傾向的兒童更喜歡玩暴力遊戲，從而進行犯罪活動。這樣來說的話，哪怕是再限制暴力遊戲，也不能阻止他們犯下罪行，畢竟即便沒有遊戲，他們的暴力傾向也是存在的。

三、遺漏變量，分析有誤差

如果我們將某兩種事物之間使用迴歸方程式建立聯繫，可千萬不要遺漏某個重要的解釋變量，更不能讓其他的變量把這個重要變量的影響給遮蓋了，不然分析結果就會非常具有誤導性，可能會與事實南轅北轍。

（一）學校考試成績中的數字陷阱

假如我們要評估一所學校的教學品質，在現在這個時代，最客觀的量化指標就是考試分數了。這是因變量。學校的開支是解釋變量。評估人員希望這樣的模型可以量化學校開支與學生分數的關係。

　　但是開支大的學校，其學生在考試中就一定會取得高分數嗎？如果學校開支是唯一的一個解釋變量，毫無疑問，我們肯定可以在兩者之間找到顯著的相關關係。

　　分數可以透過加大學校的開支來提升，這樣的觀點明顯就不符合實際。

　　其實，學校開支與分數之間還存在眾多潛在的解釋變量，其中最重要的一個就是家長教育。受教育程度高的家庭一般住在相對較富裕的地區，能夠享有更多的學校設施，花銷也更多，培養出來的孩子由於訓練和學習資源豐富，而普遍比經濟能力較差的家庭的孩子在學習成績上好一些。所以，不能遺漏這一重要的變量，不然迴歸分析的結果將認為學校開支與分數之間存在顯著相關關係。那可能嗎？分數高低是由學生的優劣決定的，而不是看學校的教學大樓是花了多少錢蓋起來的。

　　美國一位大學教授曾經說：SAT 考試分數與家庭的汽車擁有數存在顯著的相關關係。這位大學教授想藉此說明，他覺得 SAT 在大學錄取上面存在不公平。SAT 的確存在缺陷，正如大學入學考一直被人們詬病一樣。但考試與家庭轎車擁有數之間是否存在相關關係，這一觀點是值得懷疑的。可以想見，一個富裕的家庭再多買五輛汽車，也不能保證他的孩子考上大學。家庭擁有汽車的數量反映了這個家庭收入和教育等社會經濟地位的高低，而 SAT 分數經過訓練是可以得到顯著提高的，學生透過參加培訓，可以顯著提升分數。既然培訓與分數之間存在著相關關係，那麼家庭較富裕的孩子就能得到更多的學習資源，獲得更大的競爭優勢。

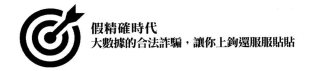

（二）健康上的數字陷阱

我們可能在媒體上讀到過有關常打高爾夫球對身體健康的影響，報導稱，常打高爾夫球易患心臟病、癌症和關節炎。對於這樣的內容，我們大可不必相信。高爾夫球員患這些疾病的機率比不打高爾夫球的人要高，這我不能否認，也不奇怪。只是，我同樣認為打高爾夫球對健康是有益的。它不僅能使你的社交生活更豐富，也能讓你增加運動量。

在這兩種觀點之間如何進行取捨？其實，在量化某項運動對健康的影響時，不要忘了「年齡」這一變量。一般情況下，年齡越大的人，打高爾夫球的時間和機會也就越多，特別是退休之後。很多研究人員在研究打高爾夫球與健康的關係時，都忽視了年齡這一變量，忽視了這樣一個事實：打高爾夫球的人一般比不打高爾夫球的人年齡要大。

所以說，並不是打高爾夫球導致了患上那些疾病，而是人已經步入衰老期，尤其是癌症和心臟病，這些疾病通常都是在這些人群中產生。而且，那些有條件的常去的人對打高爾夫球是非常有興趣的，常常樂此不疲。

如果將年齡這一變量放入分析中，我們可能會得出一番相反的結論：在年齡相近的人群中，常打高爾夫球，對上面提到的嚴重疾病還能造成一定的改善作用。

（三）機率上的數字陷阱

機率論中也會出現由於遺漏相關變量而出錯的情形。

假設你是一家大型航空公司的風險管理總監，你的助理對

你說，跨越大西洋航班的引擎出現故障的機率為十萬分之一，由於這類航班的班次很多，因此這類風險應該極力避免，但令人欣慰的是，每架航班都至少有兩個引擎，兩個引擎都出現故障的機率為 100 億分之一。猜想聽完你助理的理論後，你就會讓他收拾東西回家了。

為什麼呢？因為兩個引擎發生故障不是互相獨立的事件，假如飛機在起飛時飛來一群天鵝，兩個引擎都會損壞。同樣，其他的眾多因素也可能會對飛機引擎性能造成影響，比如天氣變化、維護不當等。當一個引擎出現問題時，另一個引擎出現問題的機率肯定遠遠大於十萬分之一。

在 1990 年代，英國檢方由於沒有意識到這一點，對機率使用不當，作出了一次嚴重的司法誤判。英國檢方想當然爾的認為不同事件之間就如拋硬幣一樣彼此獨立，但卻忽視了它們之間的聯繫，因為某個特定結果的出現，可能增加與之相類似的結果發生的可能性。

這一錯誤起源於一個名為「嬰兒猝死症候群」（SIDS）的疾病，得了這種病的嬰兒，在表面看起來很健康的情況下會突然死亡。由於這一疾病很神祕，不容易解釋，因此引來了眾多猜測和懷疑。

事件的起因是這樣的。

1999 年年底，英國的所有媒體都瘋狂般的報導一位冷血殺手——34 歲的英國女律師莎莉·克拉克。她被指控謀殺了自己的兩個親生孩子。她的第一個孩子在三個月大時原因不明猝死。一年以後，第二個孩子也在兩個月大時原因不明猝死。

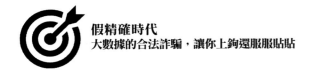
當時，醫學界剛剛開始注意到 SIDS 的現象。

莎莉的第一個兒子在屍檢後，就被確認為患有「嬰兒猝死症候群」，但她第二個孩子猝死時，醫生在屍檢時強烈懷疑這位母親，於是檢舉了她。

指控方並沒有直接的證據指控莎莉犯有惡行。在兩次嬰兒猝死事件中，這位母親都是單獨和嬰兒在一起。在與嬰兒的接觸中，人們都表示，他們看上去都非常健康活潑，看不出有受到虐待的跡象。

莎莉是一名律師，家庭環境優渥，金髮碧眼，十分漂亮，工作、生活中處處受人尊敬，實際上卻很可能是親手殺害自己兩個孩子的冷血殺人狂。這樣的社會案件通常會更加吸引人們的興趣。

由於人證、物證不足，參與莎莉一案的十名陪審團成員，只能透過聽取一連串的醫學專家證人的證詞來判斷莎莉是否有罪，但出庭的專家證人紛紛說出自己的意見，沒有達成一致。

按說這種局面對律師出身的莎莉很有利，但非常不幸，她碰上了英國兒科權威羅伊·梅鐸。梅鐸剛剛被女王封爵，名氣和聲望正如日中天，並且在統計研究方面有很強的權威性。

梅鐸爵士受英國政府委託，率領一支跨領域的團隊，仔細研究了四萬四千多個樣本後剛剛完成了一項研究成果，正好運用到莎莉的案件上。法庭上，梅鐸爵士根據報告得出推論：

一個家庭出現嬰兒突然死亡症候群的機率是 1/8,543，但如果連續出現兩起，機率則為 1/73,000,000。

梅鐸爵士滿頭白髮，氣質彬彬，象徵著權威。他在陪審團面前以不容置疑的牛津口音，一字一句唸出其專著《兒童虐待的基礎知識》中的一句話：一個死嬰是不幸；兩個死嬰很可疑；三個死嬰就是謀殺！

《兒童虐待的基礎知識》有這樣的一個結論：儘管嬰兒猝死症候群有家庭聚集的現象並沒有得到有效的證明，但兒童虐待案件卻常常甚至總是與家庭因素有關：一個虐待過老大的母親，很有可能會虐待老二、老三。

這一結論被稱為「梅鐸定律」，在 1990 年代對英國的檢察機關和社會工作機構產生了深遠的影響：只要一個家庭有兩個或以上嬰兒猝死，社工和警方都以「有罪推定」的方式處理：除非有其他證據證明，否則這些人都有極大的可能虐待，甚至故意殺害自己的孩子。

他是這樣推理的：

假如全國嬰兒出現兔唇的機率是十萬分之一，那麼你未出生的小寶寶出現兔唇的機率也是十萬分之一；假如一個人連續中了兩次樂透彩，一定藏有什麼內情；假如一個犯罪現場的 DNA 和一個嫌疑犯的 DNA 基因庫中的某個 DNA 樣本相配，而相配的機率是兩百萬分之一的話，那麼嫌疑犯的犯罪可能很大。

果真如此嗎？

梅鐸爵士多次以專家證人的身分出庭類似的案件，他的權威地位不容置疑，這可以決定案情的走向，而這次莎莉也不例外。既然莎莉和她的辯護團隊無法拿出莎莉沒有殺害嬰兒的證

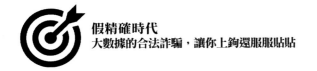

據，那麼莎莉就是兇手！

　　莎莉・克拉克的上訴被駁回。但由於案情詭異，再加上莎莉的美貌和優渥出身，媒體進行了廣泛報導，梅鐸爵士的證詞迅速得到學術領域的廣泛關注。於是，一個看似與之無關的專家群體也介入了莎莉案。

　　英國皇家統計協會發表新聞聲明，公開指責梅鐸爵士的推理，認為他的每一步推理都犯了統計學中的錯誤。在聲明的最後，皇家統計協會甚至與老派英國機構的外交辭令不同，說話不再給人留有餘地，而是用斬釘截鐵的口吻表示：

　　雖然很多科學家都對統計學方法有所了解，但統計學仍然是一個專業領域。皇家統計協會敦促法院經由統計學專家在法庭上使用統計學證據。

　　現在我們來看一看梅鐸爵士犯了哪些統計學錯誤。

1・環境謬誤——假設整體的機率就是個體的機率

　　比如，全國出現兔唇的機率是十萬分之一，那麼你的孩子出現兔唇的機率也是十萬分之一。但其實你的孩子出現兔唇的機率到底是 100% 還是 25%，或者其他機率，是取決於你和你配偶的基因的，與全國人整體的發病率並沒有直接聯繫。

2・獨立性謬誤——需要證明獨立性，卻假設獨立性先驗存在

　　雖然機率計算本身不存在問題，但前提是一定要確保嬰兒猝死事件是完全隨機的，相互之間沒有任何未知關聯。不過，由於醫學家對這一病症還缺乏有效的了解，同一家庭裡兩位嬰

兒先後猝死很有可能存在相關關係，比如基因等。

按照梅鐸爵士的計算，假如一個家庭連續出現兩起嬰兒死亡的機率是 1/73,000,000，英國的歷史上就應該顯示，大約每 100 年才會有一起「一個家庭連續出現兩起嬰兒猝死的案件」。

但就在莎莉案宣判後幾個星期，英國醫學期刊刊登了一篇論文，上面的數據顯示，英國大約每年都會出現一起「一個家庭連續出現兩起嬰兒猝死」的案件。更諷刺的是，梅鐸爵士自己就曾在多次類似的案件中作為專家證人出庭作證。

3・檢察官謬誤

當 DNA 檢測方式被大規模應用於刑偵工作中時，人們才注意到這一錯誤。

在早期 DNA 檢測時，人們並不是對全基因組進行測序，而是採取片段比對的方式。這時，DNA 比對命中的機率大約是數萬分之一。這樣的機率肯定非常小，但當 DNA 樣本庫足夠大時，命中的機率就會非常大了。

我們假設 DNA 比對命中的機率是一萬分之一。當 DNA 樣本庫達到兩萬個樣本時，任意一個 DNA 片段在這個樣本庫中命中的機率都是 86%。這也不難理解：儘管每一個人抽中大樂透的可能性是數百萬分之一，但是，我們幾乎每一期都會開出中獎的投注者。

梅鐸爵士認為，一個家庭連續發生兩起嬰兒猝死的機率實在太低了，因此發生這件事情的家庭就很可疑，這與因為中大樂透的機率太低了，所以隔壁鄰居中了大樂透就非常可疑是一

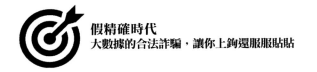

樣可笑的邏輯。

實際上，每一期樂透的數量那麼多，總會有人中大獎。英國每年出生那麼多嬰兒，總會有人遭遇「連續兩個小孩猝死」的事件。1990 年代初，英國和美國的法庭都在多個判例中確認了「檢察官謬誤」的地位，對 DNA 證據的使用進行了規定，但這些原則並沒有在本次審判中使用。

這次爭論終於讓「殺嬰事件」的案情得以逆轉。最終，由於皇家統計協會的報告，2003 年，莎莉·克拉克贏得了第二次上訴。英國法庭鑑於這次事件的影響，又對 243 個類似案件進行了重新調查，到現在為止，至少有 4 起案件得到逆轉。但這一切對於莎莉來說太遲了，這位可憐的母親失去了兩個孩子，還被當成殺人惡魔，由於酗酒過度，在 2007 年死於家中，年僅 42 歲。

四、無關變量太多，結果無意義

有很多人認為，如果遺漏解釋變量會帶來不必要的麻煩，那在分析時加入大量的解釋變量是不是就能解決問題呢？答案是否定的。因為變量一多，超出一定的量，尤其是無關變量太多，分析結果就會被稀釋，從而失去統計意義。

為了很好的說明這一點，我們來看下面的這個例子。

一個班級約 40 人，每個學生都拋擲一枚硬幣，結果是反面朝上的學生就要退出，剩下的學生繼續拋硬幣，這樣直到有一名學生一連五六次都拋出正面朝上的結果。有的人會向這名

「勝利者」提出一些搞笑的問題：「你是怎麼堅持到最後的？是不是手腕有技巧？你能不能教給我們怎樣讓正面一直朝上？是不是因為你今天穿了某歌手的歌迷會服？」

拋硬幣一直都是正面朝上，這顯然是運氣好，周圍的學生都見證了這件事情。可是統計學對此卻有另外的看法。

機率論認為，連續 5 次拋出正面朝上的機率是 1/32，比確定的推翻零假設的機率 1/20 還要低。在這個例子中，我們的零假設是學生拋硬幣不存在什麼特殊能力，但連續拋出 5 次正面朝上的機率卻推翻了零假設，這就說明備擇假設成立，也就是說，這名學生擁有拋硬幣一直正面朝上的特殊能力。在結束這一活動之後，我們就可以從他身上尋找成功的訣竅了。可能是他拋硬幣的動作，他受到過體育訓練，硬幣拋到空中時他的注意力等，無關的解釋變量太多了，顯得非常荒唐。

統計學中有一個被大多數人普遍接受的慣例，在零假設成立的前提下，假如某個機率小於或者等於 1/20 的事件真的發生了，那麼，我們可以推翻零假設。假如我們進行 20 次試驗，或者在某次分析中加入了 20 個無關變量，我們就會得出一個具有統計學意義的虛假結果。

醫學研究一直以來都有一個黃金標準，也就是採取隨機抽樣的方法進行臨床試驗。現在我們也該以懷疑的眼光來審視一下這個標準了。

醫學研究中有一個不可見的祕密，很大的一部分原因是來自「發表性偏見」。醫學研究人員和醫學雜誌只注重關注那些振奮人心的發現，而忽視那些否定性的發現，可能他們會發

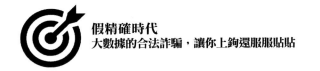

表唯一 1 篇結論為某藥物有效治療某疾病的論文，而選擇性的
忽略另外 19 篇證明該藥物無效的論文。研究人員可能會因為
先入為主或者某個肯定性發現對自己有利，而存在有意無意
的偏見。

由於種種原因，很多專家發表的研究後來被證明是不正確
的。希臘一位醫生兼流行病學家，曾對三本具有很高聲望的醫
學雜誌刊登的 49 篇研究論文做了統計，發現每一篇論文的研
究發現都被至少轉載了一千次，但是有大概三分之一的結果都
被後來的研究推翻了。據這位醫生觀察，已出版的醫學研究論
文中，估計有一半到最後會被證偽。

五、預測趨勢胡亂分析，結果很可笑

當數據在數據圖上看似合理的呈現時，看起來可以歸納出
某些數據特徵，但這其中也許會存在數字的騙術。統計學家、
經濟學家或者科學家就算發現了數據之間的關係，也不能肯
定這種數據關係是否有真正的意義。數據圖中的線條或者公
式可能會表述出數據中的緊密聯繫，但也許實際上並沒有實
用價值。

2004 年，動物學家、地理學家和公共衛生專家曾在刊載
於《自然》雜誌上的研究報告上聯合署名，他們對田徑運動員
在歷屆奧運會百米短跑項目上的成績做了研究，發現了一些顯
著的規律。

男運動員越跑越快，在這個項目上所費的時間越來越短，

可以畫出一條具有下降趨勢的直線來說明這個規律。女運動員同樣如此，也可以畫出一條具有下降趨勢的直線。

數據圖上，男女運動員的成績直線如果繼續延伸，將會相交，也就是說，女運動員的成績會趕上並超過男運動員的成績。科學家推斷的時間是 2156 年。科學家由此得出結論，女運動員將在 22 世紀中葉於短跑項目上比男運動員更快。科學家還精確的指出，那一天會在 2064 至 2788 年出現。

不過，這樣畫線是不切實際的。如果繼續將線延長，我們會很容易看到其荒謬的一面。照這兩條線的趨勢，女運動員在 2224 年左右可以於 7 秒之內跑完百米，速度竟達到時速 32 英里。她們或許可能會要弄語言手段，表示這是可能實現的。照這樣說，這兩條線還能延伸下去，如果一直延伸，你會發現，到 2600 年，女運動員的速度能達到音速並超越它。這種趨勢下去，她們的速度還會超過光速。這如果可以實現的話，時光就會倒轉，這些女運動員在開始比賽之前就已經贏得比賽。這樣分析以後，你還會覺得這兩條線可以展示出真實的未來趨勢嗎？其實，這只不過是對真實的錯誤解釋。

雖然這兩條線在最開始的時候令人信服，但它並沒有顯示出數據間的真正關聯。女運動員由於求勝心切，會在很短時間內竭盡全力參加比賽，所以短期內成績上升得比男運動員要快。可是當運動員逐漸成熟以後，提升速度會變得越來越慢，成長趨勢就會放緩，直至趨於最高水平。由於運動員都達到了各自的身體極限，提升也就終止了，線條不再呈現上升趨勢，而是變為水平線。

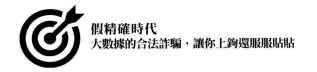

　　既然是水平線，那麼這兩條線就永遠不會交叉，也就是說，女運動員的最佳成績可能會在多年以後與男運動員的成績接近，但不會超過。這是由自然法則決定的。

　　這份雜誌早在之前就已經在這種愚蠢的預測上栽過跟頭了。

　　1992 年，兩位生理學家研究了男女長跑運動員的比賽成績，並畫出了數據曲線。他們最後得出結論，女運動員的成績會在 1998 年超越男運動員，到那時，她們的最佳成績會是兩小時 1 分 59 秒。但後來的實際情況卻出乎他們的意料。2000 年雪梨奧運會的馬拉松比賽，女運動員的金牌得主成績只有 2 小時 23 分 14 秒，比男運動員金牌得主慢 13 分鐘。

　　畫一條線，建立一個公式，描述數據之間的規律，這樣做雖然看著容易，但沒有實際價值。這些數據看起來令人信服，但要真的用來預測實際事物，就完全無效了。但儘管這樣，好多科學家、經濟學家等都在難以置信的，有意或無意的使用著這種數字騙術。

　　這是隨意進行迴歸分析，結果毫無意義，就像瘋子似的囈語。看來我們要正確的使用這個工具，運用它強有力的技能，在規定的數集範圍內找出一定的規律。

第四章
統計調查，數字陷阱的重災區

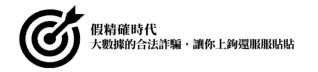

數據在統計調查中十分重要，因為統計調查的結果最終是要用數據來呈現的。但是統計調查的數據會在收集的過程中摻水，或者是樣本品質出現問題，導致統計結果並不都是如實反映真實情況。何況，統計調查數據還會為人所用，成為其盈利的工具。

一、樣本數據不足，離正確結論失之千里

大量使用者反映，使用 ××× 牌牙膏將使蛀牙減少 23%！

這是一則廣告的大字標題，足以讓你印象深刻，歷歷在目。你如果患有蛀牙，肯定希望減少 23% 的痛苦，於是就會接著往下讀。這則廣告稱這些結論出自一家具備極高聲望的實驗室（儘管你並未聽說過），並且還經註冊會計師證明，如此具有權威性，你還能對這些數據產生懷疑嗎？

但生活的經驗告訴你，牙膏之間的差別其實是微乎其微的。那麼，這家公司是如何得出如上結論的呢？它們是否在說謊，又如何逃避責任呢？其實，他們有一個非常簡單有效的方法既讓讀者上當，又使自己並沒有說謊。

祕訣就是不充分樣本，也就是統計角度的不充分。其實，樣本使用者只有 12 人，它用小字將這點內容披露了出來。有的廣告商比這家公司還要壞，索性將類似的文字略去，讓讀者一頭霧水，哪怕你是再精明的統計學家也會疑惑：這裡面到底玩了什麼把戲？

一款名為「可尼斯博士」的牙粉上市，在宣傳語中聲稱

「在治療臼齒方面獲得了極大的成功」。理由是：該牙粉中含有尿素，經過實驗室證明，尿素對於治療臼齒有極大功效。但該實驗室的結論只建立在六個樣本使用者上，根本不具備說服力。

下面讓我們回頭看看，×××公司是怎樣獲得這樣一個沒有漏洞而且經得住檢驗的標題的。

讓一組人在六個月的時間內每日記錄蛀牙數，然後使用該牙膏產品。試驗結果只會有三種：蛀牙增多，蛀牙減少，蛀牙數量不變。假如發生了第一種和第三種結果，那麼該公司就可記錄下這些數字並將其藏匿，然後重新實驗，等到有一組數據證明蛀牙明顯減少，並且該數據足以好到作為標題即可。但不管實驗者使用的是該品牌牙膏還是蘇打粉或者原來的品牌，上述結果都有可能會發生。

該公司為什麼喜歡使用小樣本呢？因為在大樣本的使用中，任何由於機遇產生的差異都是微不足道的，不足以作為廣告標題。比方說，「蛀牙減少2%」將不會對銷量有多大的提升作用。

小樣本是如何利用機遇產生一個沒有作用的結果的呢？成本極少，你自己也可以試一試。比如拋一枚硬幣，有一半的次數是頭像朝上，這種機率誰都知道。

那讓我們檢驗一下吧。我試著拋了10次，結果是8次頭像朝上，這證明頭像以80%的機率朝上。現在你自己試一下，也許你拋出的結果是頭像5次朝上、5次朝下，但也可能是其他結果，如果你足夠耐心，拋上100次，差不多是50對50的

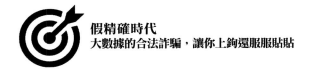

比例，這才代表著真實的機率。機率只有在大量實驗之後，才能有效用於預測和描述事物。

有研究人員曾做過一項關於小兒麻痺症疫苗的實驗。他們給 450 名兒童接種了疫苗，而另外 680 名兒童則沒有接種疫苗。單純從數字上來看，這個實驗不算小。

可當不久以後該區域感染流行病時，接種疫苗的兒童和沒有接種疫苗的兒童都沒有患上小兒麻痺症。

其實，在最開始設計這個實驗時，研究人員忽略了該病的低發生率。如此低的發生率，在這種規模的樣本中一般只會產生兩名患者。因此，實驗從一開始就注定要失敗。只有數據量達到這次實驗數據量的 15 至 20 倍時，也許才能產生足以解釋某些事物的結果。

那麼我們該如何避免被不科學的結論愚弄呢？難道要我們所有人都成為統計專家，親自檢驗一下數據嗎？並沒有那麼麻煩。我們有一種非常簡單的用於檢驗顯著性的方法。它是用來反映實驗數據代表實際結論的可能性的，而不是代表由於機遇產生的結論。這便是那些沒有透露的數據，如果掌握了這個方法，你便能看清其中的企圖。

如果顯著程度在某則資訊中被提供，將會使你對它有更深刻的了解。顯著程度通常用機率表示，比如，調查公司以 19/20 的機率保證它們的結果是正確的。在通常情況下，5% 的誤差水平是最低要求，有時需要更精確的 1% 的誤差水平，這就意味著以 99% 的機率保證該結果是真實的，任何類似的事情「實踐上是幾乎確定」的。

　　還有另一類沒有透露的數據，它的遺漏也同樣具有破壞性。這是表明事物整體範圍的全距和與平均數偏離水準的數據。在通常情況下，平均數（不管是否指明均值或中位數）都由於過於簡單而導致無用。對實際情況一無所知通常要比獲取錯誤資訊好得多，但有時知之甚少也十分危險。

　　現在美國的許多房產都是為了滿足統計學上的平均家庭，即三點六人的家庭，用現實的語言說是三個人或四個人，即兩個臥室的房屋。這種規模的家庭，雖然是「平均」的，實際上卻只代表了一小部分家庭。「我們為平均家庭建造一般規格的房屋。」製造商在這樣說的同時，卻忽略了具有更多人口或更少人口的大部分家庭。這樣的後果是，一些地區大量重複建設兩個臥室的房子，而低估了其他規模的需求。這是不完全資訊的統計資料造成巨大浪費的實例。

　　在看到這麼有說服力且權威的 3.6 人時，人們往往忽略了常識。它在一定程度上戰勝了人們觀察得到的事實，即許多家庭規模比這個家庭規模要小，還有相當一部分比它要大。

　　假設一對父母在報紙副刊等地方讀到「孩子」將在某個月大時能學會坐直的內容時，他們立刻會聯想到自己的孩子。如果恰恰他們的孩子在該月不能坐直，父母一定會得出結論：自己的孩子智力低下、不太正常或這很不公平等。既然一半的孩子在那時都坐不直，那就會有一半的家長將為此苦惱。當然，就數學的角度而言，這些不快將與另一半聰明孩子的家長的愉悅互相平衡。當不開心的家長做出種種努力使孩子與標準一致時，產生的危害將無法彌補。

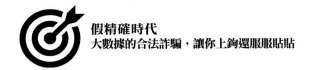

　　錯誤出在研究者經過聳人聽聞或消息不靈通的作者向讀者傳遞訊息的篩選過程中，而讀者又沒有發現這個過程中所遺漏的數據。如果能給「準則」或者平均數加上反映全體範圍的指標，那許多誤會將消除。當發現自己的孩子屬於正常範疇時，父母將排除由微小和無意義的差異而引起的擔心。無論如何幾乎沒有人是正常的，就如同拋 100 次硬幣，幾乎很難出現 50 個正面和 50 個反面的情況。

　　將「正常的」與「期望的」混為一談，導致事情變得更糟。這則關於孩子坐直的內容僅僅描述了一些透過觀察得到的事實，這使得那些閱讀書籍和文章的父母錯下結論：晚一天或晚一個月學會坐直的孩子是低能兒。

　　讓我們再舉一個遺漏樣本的例子。有時並不是數據本身說謊，而是我們沒有注意到那些沉默的數據。

　　第二次世界大戰時，英國皇家空軍邀請美國的統計學家，分析德國地面炮火擊中聯軍轟炸機的資料，並且從專業的角度建議機體裝甲應該如何加強，以便降低被炮火擊落的機率。但依照當時的航空技術，機體裝甲只能局部加強，否則機體過重，會導致起飛困難及操控遲鈍。

　　統計學家將聯軍轟炸機的彈著點資料，描繪成兩張比較表，研究發現，機翼是最容易被擊中的部位，而飛行員的座艙與機尾，則是最少被擊中的部位。

　　作戰指揮官由此認為，應該加強機翼的防護，因為分析表明，那裡「密密麻麻都是彈孔，最容易被擊中」。但是統計學家卻有不同觀點，他建議加強座艙與機尾部位的裝甲，那兒最

少發現彈孔——因為他的統計樣本是聯軍返航的受損飛機，說明大多數被擊中飛行員座艙和尾部引擎的飛機，根本沒來得及返航就墜毀了。

所以，分析者要有足夠廣闊的視角和邏輯，才能在數據裡挖掘出更多正確的事物，為你服務。

二、資料不相配，何談正確結論

假如你想說明某件事情是對的，但你知道並沒有能力去證明它，那麼你可以嘗試著解釋其他事情，並且假裝認為它們是同一件事情。在統計資料中，人們的思維大多不會覺察到這兩者的區別。這就是不相配的數據，它可以為你保持有利位置，並且常常奏效。

(一) 媒體的不相配數據

《週刊報導》雜誌刊登了一篇探討駕駛安全的文章，這篇文章的內容肯定會激發你的閱讀興趣。

文章稱：「如果你開車以每小時 70 英里的速度疾駛在高速公路上，當時間是早上 7 點時，你生還的機會將是晚上 7 點的四倍，因為晚上 7 點發生的災難是早上 7 點的 4 倍。」文章中提到的證據基本上是正確的，但證據似乎並不能證明提出的論點。晚上的車禍比早上多，那只是因為晚上有更多的車和人在高速公路上。如果照他這樣的荒謬邏輯來推算的話，天氣晴朗時駕車比有霧時要危險得多，因為晴天比霧天多，所以天氣晴

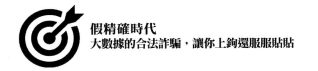

朗時會有更多的交通意外。但根據生活常識來看，我們都知道有霧會讓駕車變得更危險。

在媒體上看到交通事故的報導時，如果我們不清楚它們是不相配的數據，那麼我們很可能被很多交通事故的記錄嚇得不輕。

有這樣一則事故報導：「去年飛機失事導致的人員死亡數比1910年多出數倍」，難道這就意味著現在乘飛機要比以前危險得多嗎？大錯特錯，因為現在乘坐飛機的人數與之前相比差的何止是幾百倍了。

媒體報導，××××年，死於火車交通事故的人數超過四千人。人們在看到這樣的消息時肯定會對火車的安全問題加以重視，很有可能減少乘坐火車的頻率，而寧願自己開車。但如果你深入了解一下你就會發現完全相反的結論。這些交通事故中，將近96%的人是那些駕駛汽車在路口與鐵路相交處與火車相撞的人。也就是說，只有160人是火車上的乘客。而且，除非將這個數據與總旅客路程數相結合，否則160人也不能直接用於比較。

如果你即將出門遠行，這是一趟穿越全國各地的長途跋涉，而你又十分關心旅途的安全，你可能會詢問坐火車、飛機或者汽車哪種交通方式更安全，哪種交通方式的交通事故數少。其實，你這樣根據事故數來判斷危險性的方法是不正確的。你應該詢問每一百萬個乘客中的遇難人數，然後再計算比例，透過比較這些比例，你才能知道最大的危險所在。

英國政府在2015年開始同意讓父親和母親共休產假。

但一年後的統計數據卻顯示，只有 1% 的父親選擇了休假。BBC、《衛報》等各大媒體報導之後引發強烈社會迴響。真的是這樣嗎？原來，這個「1%」，其基數並不是有資格休假的父親人數，而是所有男性人數。有人指出，如果這麼算，即使當年所有新生父親都選擇休假，調查得到的數字也只不過是 5%。

（二）廣告中的不相配數據

商家有時並不能確保他所出售的醫藥祕方能夠治療你的感冒症狀，但他可能會用大字標題在報紙上刊登一篇非常具有衝擊力的實驗報告，聲稱在 11 秒內，該藥只需要半盎司，就能夠殺死試管中的 31,108 個細菌，而且這家實驗室是非常有名的，上面有一個家喻戶曉或者令人印象深刻的名字，旁邊還有一個白衣大褂醫生的肖像或照片。

他們不會告訴你們這裡面的小把戲，而且也不會指出試管中的抗菌劑在喉嚨裡根本就不發揮作用，特別是為了藥物不灼傷喉嚨，特意進行了稀釋以後。他們更不會為你們透露殺死了哪些細菌。其實，哪種細菌導致你感冒了呢？又或者感冒可能根本與這種細菌無關？

其實那些細菌與感冒到底有無關聯是很難確定的，尤其是患者在流著鼻涕、不停咳嗽的情況下，誰會在意這個問題？

當然，你可能會覺得這個例子太絕對了，很容易看出其中的破綻。但是，不相配的資料一般情況下不會以這種面貌出現的。更高明的手法有的是，請你睜大眼睛往下瞧。

電動榨汁機在最初發明出來的時候，它的廣告隨處可見。廣告稱：「經過實驗室證明，這種榨汁機的榨汁功能增強了 26%，得到了某著名家政研究機構的推薦。」聽起來的確不錯。如果你擁有這樣一台功能增強 26% 的榨汁機，你還有什麼理由去買別的榨汁機？但是，現在我暫且不論實驗室的實驗是什麼，能夠證明什麼，我們只是看看根據這個數據能得到怎樣的結論。廣告中稱榨汁機功能增強了 26%，那它是與什麼做比較呢？如果只是與一台老舊的手搖榨汁機作對比的話，恐怕人們就不會那麼積極的去掏錢購買了，因為說不定它是市場上最差的一種榨汁機。這個數字除了非常精確，讓人在最開始有一種很興奮的消費衝動以外，實際上是毫無意義的。

（三）醫學上的不相配數據

許多統計資料，包括那些對人們十分重要的醫學資料，由於與原始數據不符的報導而被扭曲。在一些棘手的問題上，例如，流產、非法出生、梅毒，存在十分驚人的矛盾數據。你可能會對某一時期流感的問題很感興趣，並從中發現一定的結論：這類疾病幾乎只出現在一個國家的南部三個地區，占據病歷資料的 80%。但比例如此之高的真正原因是：目前只有這三個地區仍保留著對此類疾病的記錄，其他地區早已經銷毀了這一記錄。

在美國南部地區，1940 年以前有成千上萬的瘧疾病例，而今天只有極少例，這似乎表明對於瘧疾的治療在近幾年發生了有益並且巨大的進步。但實際上，目前只有在確診後才進行記錄；而在以前，瘧疾是美國南方許多人用以表示感冒或者

著涼的一句方言。這跟很多地區把傷風感冒說成中風是一樣的道理。

在美國與西班牙交戰期間，美國海軍的死亡率是 0.9%，而同時期紐約市居民的死亡率是 1.6%。後來海軍徵兵人員就用這些數據來證明參軍更安全。如果假定這些數據是正確的，那麼促使這種差異產生的真正原因是什麼？海軍徵兵人員根據兩個數據的差異得出的結論是否正確？

這兩組對象是不可比的。海軍主要由那些體格健壯的年輕人組成，而城市居民包括嬰兒、老人、病人，他們無論在哪兒都有較高的死亡率。這些數據根本不能說明符合參軍標準的人在海軍會比在其他地方有更高的存活機會，相反的結論也不能證明。

你也許聽說過這個令人沮喪的新聞：「1952 年是美國醫學史上的小兒麻痺症年」，這個說法基於該年有多於往年的病例。

但如果專家進一步斟酌這些數據，就會發現一些令人鼓舞的事情。

首先，1952 年有更多處於易感染期的孩子，就算發病率保持不變，也會有更多的患者。

其次，人們對小兒麻痺症認識的加深，導致更多病人到醫院進行診斷和輕微發病記錄的增多。

最後，當年有增加的經濟刺激，即增加的小兒麻痺症保險以及從國家嬰兒麻痺基金獲得更多的幫助。所有這些都是對小

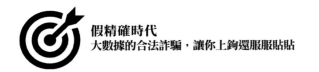

兒麻痺症達到新高的質疑，而且當年的死亡人數也肯定了我們的懷疑。

這是一個有趣的事實，在考慮某種疾病的發病情況時，使用死亡率或者死亡人數比發病人數更合理，這是因為死亡報導和死亡記錄的品質更高。在此例中，明顯不相配的數據比表面上完全相配的數據還要好。

（四）公司營運中的不相配數據

將某一種資料說成另一種樣子，這種「掛羊頭，賣狗肉」的行為在生活中還有許多其他的形式。最普遍的做法是將看上去極像，而完全不同的兩件事混淆在一起。

如果你想搜尋這種不相配的數據，那麼在公司的財務公報中，你將大有收穫。你要注意那些看起來很大的利潤或者掩蓋在其他名目下的利潤。

某家公司的財務公報顯示，××××年該公司營利3,500萬美元，即銷售1美元的產品獲得1.5美分的利潤。可能你會覺得這家公司的盈利很低，真是太不幸了。假如公司廁所的一個燈泡燒壞了，需要花30美分更換，於是20美元銷售額的利潤就這樣沒了。

其實，財務公報中的利潤僅是實際利潤的一半或三分之一，沒有報導的利潤隱藏在貶值、特殊貶值名目下以應付將來的緊急情況。

百分數同樣可以掩蓋某種真實的數據。最近9個月內，某汽車公司一直公開自己的稅後利潤率為12.6%，但同期該公司

的投資利潤率竟高達 44.8%。其實公司的利潤非常高，但它不會把所有真實的數據都公開的。

《琴師》雜誌的一位讀者反映，A&P 商店公布的銷售淨利潤只有 1%，也就是說每 1,000 美元的投資只有 10 美元左右的利潤，該公司應該是在進行自我保護，它們害怕公司被誤認為是奸商。

如果將該比率與 FHA 抵押利率或者銀行貸款利率相比，肯定是很少，因為前者的比率是 4% 至 6% 甚至更高。是不是說 A&P 商店從此退出百貨行業，將它的資金存入銀行，然後依靠利率過活會更好些？

但投資回報率與銷售總收益可不是一回事。該雜誌的一位讀者解釋道：如果我每天早上以 9.9 美分購進一件商品，並在中午以 1 美元賣出，那我只獲得 1% 的收益，但是全年我卻獲得了投資額的 365%。

在描述同一個數據時有不同的方法。比如說，你可以將相同的事情表述為 1% 的銷售利潤率，15% 的投資回收率，1,000 萬美元的利潤；利潤上升 40%，或者與去年相比下降了 60%。選擇一個目前最有利於你的說法，而且讀到這個數據的人中，極少有人會對它的真實性表示懷疑。

在美國，不相配的數據每四年便會出現一個興盛期，這並非因為這種數據存在自然波動的特性，而是因為每四年有一場競選。1948 年 10 月共和黨發表的競選綱領，完全建立在看似相互聯繫但實際上卻毫無關聯的數據之上：

1942 年杜威當選州長時，一些地區教師的最低年收入只

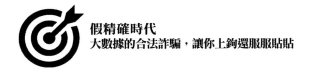
有 900 美元。在杜威政府的建議下，由杜威指定的委員會的表決，立法機構於 1947 年從州財政盈餘中撥出 3,200 萬美元直接用於提高教師收入水準，這使得紐約市教師最低收入水準提高到 2,500 至 5,325 美元。

也許，杜威先生想藉此表明自己是教師的朋友，但是這些數據並不能證明這一點。這裡使用了前後比較的老把戲，一些沒有指明的因素加入到過程中，導致前後並不一致。以前只有 900 美元，而現在是 2,500 ～ 5,325 美元，的確有了長足的進步。但實際上，前者是該州鄉村地區的最低收入，而後者僅僅是紐約市的最低收入水準。這些進步只能部分歸功於杜威政府。

三、樣本選取錯誤，系統誤差不可避免

《紐約太陽報》的某篇報導曾稱：「1924 級的耶魯畢業生平均年收入有 25,111 美元。」《時代》雜誌評論道：「哇，他們做得可真不錯！」

可是等一等，這個令人印象深刻的數據到底意味著什麼？是否像表面看到的那樣，足以證明如果你把你的孩子送進耶魯大學，那麼在老年時你就不用辛苦的上班，甚至他年老時也不用上班？

在充滿懷疑的驚鴻一瞥後，我們發現這個數據有兩點可疑之處：它驚人的精確；它大得令人難以置信。

任何一群分布很廣的人其平均收入都不太可能精確到以元

為單位。就算是自己去年的收入，除非全部來自薪水，否則也很難知道得如此準確。對於年收入兩萬五千美元的階層而言，多種投資管道使得收入不可能完全來自薪水。

毫無疑問，這個可愛的平均數出自耶魯人之口。即使1924 年他們在紐哈芬接受過良好的教育，也很難保證四分之一個世紀後，他們還能堅持說真話。當問及收入時，有些人出於虛榮或天生樂觀而誇大數據；有些人卻故意縮小數字，特別當涉及計徵所得稅問題時，往往會猶豫不決，生怕與其他文件填報的數據不符，誰知道稅務員又看到了什麼？也許存在兩種趨勢——誇大與縮小將相互抵消，但這種可能性極小。一般而言，一種趨勢總會強於另一種趨勢，但我們無從猜測哪種趨勢較強。

常識告訴我們，單憑某一數據很難反映實情，這是我們得到的結論。那些實際收入也許只有 25,111 美元一半的人們最終會「有」如此高的平均收入，最大的誤差來源在哪兒？接下來，讓我們來揭開這神祕的面紗。

這是一個抽樣過程。在你所遇到各式各樣的課題中，大部分統計問題的核心便是抽樣。抽樣的原理本身很簡單，但實踐中對其進行的加工導致了許多副產品，有些是不正確的。舉個例子，如果你有一桶豆子，有紅色、有白色，那麼，紅色的豆子占比到底有多少呢？解決的辦法只有一種：數豆子。然而，用一種更簡單的方法，你也可以得到紅豆數目的近似結果：抓一把豆子，計算其中紅豆的比例，這把豆子中紅豆的比例與一桶的比例基本相同。

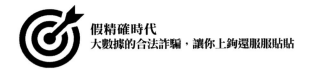
　　因此，這個收入數據是建立在一個由能夠取得聯繫並願意回答問卷的耶魯學生組成的樣本之上的。那麼，這個樣本具有代表性嗎？也就是說，能否假設這個樣本與樣本未被包括的人具有同樣的收入水準？

　　那些在耶魯大學畢業生通訊錄上被註明「地址不詳」的迷路小羔羊是誰呢？他們是高收入階層嗎？他們是華爾街的金融家、公司領導階層？還是製造企業或公用事業的執行長？不，富人的地址是不難找到的。這個班級最富有的人，即使忽略了與校友辦公室聯繫，他們的地址也可以透過查《美國名人錄》或其他參考資料找到。因此，我們可以較合理的猜測，那些被遺漏的人是獲取耶魯文學學士學位之後的 25 年來沒能實現自己光輝夢想的人，他們是小職員、技工、流浪者、失業的酒鬼、僅僅得以餬口的作家或藝術家……六七個甚至更多這樣的人將其收入相加才可能達到 2,5111 美元，他們不經常在班級的聯誼會上露面，僅僅因為他們支付不起路費。

　　又是誰會將調查問卷丟進最近的廢紙簍？我們不太肯定，但猜想這些人裡大部分都沒有賺到足以自誇的數目是合理的。這有些類似於第一次領取薪水的小職員，當他發現薪水單上黏著一張建議對同事保密薪資的數額，並不要以此作為聊天內容的小紙條時的心態，「別擔心，」他對老闆說，「我與你一樣，對這麼低的薪水感到羞愧。」

　　很明顯，樣本遺漏了對平均收入起降低作用的兩種人。現在我們可以了解 2,5111 美元的廬山真面目了，如果它是一個真實的數據，它也僅僅代表了 1924 級耶魯學生中可以聯繫到

的，並願意站出來說出所賺數目的這個特殊群體。當然，它的真實性還建立在這樣一個假定基礎之上——這些紳士說的都是真話。

我們知道，一條河永遠不可能高於它的源頭。但如果在河的某處建有水電站，卻可以做到。同理，對樣本研究後得到的結論不會好於樣本本身。當數據經過層層統計處理，最後簡化成一個小數形式的平均數時，結論似乎被確定的光環所籠罩，但只要再仔細留心整個抽樣過程，這個光環就會破滅。

癌症的早期發現能否挽救生命？也許吧。但通常用於證明這一點的數據卻更適合支撐相反的結論。這要追溯到 1935 年，根據康乃狄克腫瘤研究所掛號處的記錄，1935 至 1941 年，手術後 5 年的存活率大量上升。但實際上這些記錄是從 1941 年才開始登記的，在此之前的數據則是透過追蹤的形式得到的。許多病人離開了康乃狄克州，其生死無從得知。正如醫療記者雷納德·恩格爾所說，所存在的內在偏差已足以「解釋存活率上升的真相」。

一個以抽樣為基礎的報告如果要有價值，就必須使用具有代表性的樣本，這種樣本排除了各種誤差。這就是耶魯畢業生的收入數據失真的原因，也是許多你在報紙或雜誌上讀到的報導內容毫無意義的原因。

一位心理醫生曾經報導：實際上所有的人都是神經質的。暫且不去管這種提法是否破壞了「神經質」一詞的含義，我們來看看這個醫生的樣本，看他觀察了哪些人。結果證實，他是在對他的病人進行研究後，得到了這個發人深省的結論，這和

代表全體人的樣本可差得太遠了。如果一個人心理健全，他永遠不可能接受心理醫生治療。

對你所讀到的東西多思考一下，你將避免接受許多似是而非的結論。

記住下面這點對你很有好處：無形的誤差與有形的誤差，一樣容易破壞樣本的可信度。也就是說，即使你找不到任何破壞性的誤差來源，但只要有產生誤差的可能性，你就有必要對結果保留一定的懷疑。如果你還有一絲的疑惑，想想 1948 年和 1952 年的美國總統大選，它們已足夠證明這一點。

更遠的例子可以追溯到 1936 年《文學文摘》的慘敗。曾經準確預測了 1932 年美國大選的一千萬個《文學文摘》的訂閱者，對 1936 年的大選同樣進行了預測，透過電話，他們向這個倒霉的雜誌編輯信誓旦旦的保證，蘭登將在競選中脫穎而出，並且與羅斯福所得的票數比是 370：161。這樣一個久經考驗的調查群體怎麼可能產生誤差呢？但的確有誤差。正如後來許多大學論文和報社評論員發現的，1936 年就有能力購買電話和訂閱雜誌的人並不能真正代表選民，至少在經濟上他們是極特殊的，是有偏頗的，後來證實他們中許多人是共和黨的選民。該樣本選擇了蘭登，而大多數的選民心裡卻想著羅斯福。

《文學文摘》預測失敗，但當時還不知名的喬治·蓋洛普卻因為成功預測《文學文摘》雜誌的失敗而成名。雖然蓋洛普的民意調查樣本規模很小，但由於小心選擇樣本，代表了整體公民的意願，所以準確性在當時是數一數二的。不過，就連他的

這種科學方法也遭遇到系統差錯的影響。

蓋洛普在 1948 年美國總統大選投票前幾週，預測杜威占據領先優勢，這使得蓋洛普的員工深信杜威能勝利，都不願意繼續調查了，畢竟結果大概已成定局，再調查還要花費更多的成本。但是，令他們沒想到的是，在投票前杜魯門的支持率陡升，以前第三方候選人的支持者放棄先前的立場，轉而支持有機會獲勝的現任總統杜魯門。蓋洛普這次犯了過早取樣的錯誤，這使得調查結果顯示出杜魯門支持率低的偏差。另外，蓋洛普認為，暫時還沒有做出投票決定的選民，其投票意向會跟早已做出投票決定的選民一樣。他原以為他的計量標準會非常準確，但是他低估了調查中的不確定性因素。

最基本的樣本是隨機樣本，它是指完全遵循隨機的原則從整體中選出的樣本。整體即形成樣本的母體。從索引卡片檔案中，每隔 10 個名字抽出來 1 張名字卡片，從許多紙張中任意抽出 50 張；在馬克特街上每遇見的第 20 個人作為訪問的對象。（但需要注意的是，在最後一個例子中，整體並不是全世界的人，也不是全美國人或者全舊金山人，而只是當時在馬克特街上的人。一個進行民意調查的訪問員說，她選擇在火車站進行調查的原因是「那兒能遇到所有類型的人」。但應該向她指出的是，有些人的代表性不足，比如嬰兒母親。）

隨機樣本的檢驗標準是：整體中的每個名字或事物，是否能夠以相同的機率被選進樣本。

純隨機抽樣是唯一的一種能有足夠把握利用統計理論進行檢驗的抽樣方法。但它同樣存在缺陷。在許多情況下，獲得這

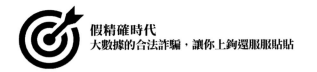

種樣本難度很大，並且十分昂貴，以至於進行單純的經濟考慮時，就會把這種方法別除出去。一個更經濟的替代品是分層抽樣，它在市場研究和民意調查等領域中得到了廣泛應用。

為了獲得分層抽樣的樣本，你需要將整體按照事先已知的優勢比例劃分成不同的組。這時你可能遇到麻煩：關於分組比例的資訊可能並不正確。你對訪問員進行指導，以確保他們調查到一定比例的黑人，按照這樣或那樣的比例調查屬於不同收入階層的人，如一定數量的農民，等等。而且，每一組人都要確保 40 歲以下和 40 歲以上的人數相同。

這聽上去很不錯，但實際上呢？在黑人還是白人的問題上，大部分時候訪問員能準確判斷。但在收入分組時，他會出現很多差錯。至於農民，你如何劃分一個在城鎮上班又有部分時間種地的人？甚至連歲數的問題也會引起差錯，為了確保準確性，訪問員會挑選那些看上去明顯小於 40 歲或大於 40 歲的人進行調查。在這種情況下，由於缺少 40 歲左右的人而導致樣本有偏，你不可能獲勝！

除此之外，如何在各層內部獲得隨機樣本呢？最有效的辦法是準備好每一層所有單位的名單，並以隨機抽中的名單構成樣本。當然，這耗資不菲。於是又轉為街頭調查，但由於遺漏了待在家中的人而變得有偏誤；白天挨家挨戶上門調查，又遺漏了上班族；轉而改為晚上訪問，但又遺漏了那些看電影和去夜生活的人。

民意調查最終將演變為一場與誤差的遭遇戰。所有信譽良好的調查公司將不可避免的投入這場戰鬥中。調查報告的讀者

應謹記這點：這場戰鬥永遠不會取得勝利。在看到「67% 的美國人反對」或其他類似的字眼時，應保留這樣一個問題：67% 的哪些美國人？

在上述例子中，任何結果都是如此明顯有偏誤，從而導致其失去價值。你可以試著自己分析還有多少民意調查的結論，雖然並無有效的檢驗方法來揭露它們，但卻同樣有偏誤，同樣無價值。

一般而言，民意調查都帶有一定方向的偏差，就像《文學文摘》一例的偏差一樣，如果你對此表示懷疑，你還可以找到許多合適的例子來證明。在《文學文摘》一例中，偏差在於偏向了與一般人相比，具有收入高、受過良好教育、資訊來源廣、靈敏度高、舉止優雅、行為保守、更多固定習慣等特點的群體。

為什麼會這樣呢？下面的例子將有助於理解這一點。假設你是一個被分配到街道某個角落進行調查的人員，有兩個看上去符合調查要求——大於 40 歲，農民——的人向你走來，一個衣著乾淨整齊而另一個顯得骯髒、粗暴。毫無疑問，你會向後者走去，而遍布城市其他角落的同事也會進行同樣的選擇。

但實際上，正如我們前面所看到的，民意調查並不一定被操縱了。也就是說，並不一定要為了製造假象而惡意扭曲結果。樣本有偏誤的趨勢可以自動的操縱結果，使其變得扭曲。

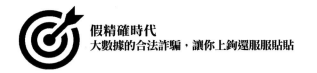

四、人性弱點，被調查者不一定說真話

系統差錯種類繁多，錯綜複雜，令人難以捉摸，有些系統差錯恐怕永遠也無法解釋清楚。有這麼一類系統差錯更加讓人們不安。有一項民意調查是針對特定類型的，由於被調查者心裡有著各自的算盤，經常對民意調查者撒謊，那麼，即使調查表填滿了也無濟於事，沒有任何意義。這種情況發生時，民意調查結果無法反映人們的真實想法，就成了「波坦金數字」。

第二次世界大戰期間，國家民意調查中心派出兩組調查人員，對一個南方城市的 500 名黑人進行提問，一組調查人員由白人組成，另一組是黑人。問題一共有三個。

其中第一個問題是：「如果日本占領美國，你認為黑人的境況會得到改善還是變得更糟？」黑人調查組中，9% 的被調查者回答「變好」；而白人調查組該比例卻只有 2%。回答「變壞」的比例也不相同，黑人調查組是 25%；而白人調查組則是45%。

第二個問題是用「納粹分子」替代「日本」，兩組的結果大體相同。

第三個問題試圖探尋被調查者對前兩個問題的真正態度。「你認為目前致力於打敗軸心國比在本國內進一步推進民主更重要嗎？」黑人調查組中，選擇「打敗軸心國」的比例是39%；而白人調查組則是 62%。

這是由莫名因素造成的誤差，它至少告訴我們，人們在接受調查時，有迎合對方說好話的明顯傾向。當戰爭時期回答一

個暗含是否忠誠的問題時，一個南方黑人對白人說了一些聽起來不錯但並不代表他真實意願的話，這不是很正常嗎？當然，區別的起因也可能在於不同的調查人員選擇了不同的調查對象進行交談。

是否能過於輕率的做出這樣的假定呢？來自抽樣理論的一個分支，即市場研究的經驗告訴我們，人們會說真話的假定往往是不可靠的。以前曾經做過一項旨在了解雜誌閱讀量的訪問調查，其中的一個主要問題是：你和你的家人閱讀什麼雜誌？當將調查結果製表並分析後發現：大部分的人喜歡《琴師》，而沒有多少人喜歡《真實故事》。但出版商提供的數據卻很明顯的表明：《真實故事》的發行量是幾百萬份，而《琴師》只有幾十萬份。正如這項調查的設計者所疑惑的，或許他們問錯了對象？但這不可能，因為訪問調查走訪了美國各式各樣的居民區。唯一合理的解釋是許多被調查者並沒有說實話，導致調查結果偏離了事實。

最後你將發現，當你想了解人們到底在讀什麼時，詢問是無濟於事的。直接上門收購舊雜誌看看他們能提供什麼，或許能得到更多的資訊。你所要做的，就是點一點《耶魯評論》和《愛情羅曼史》各自擁有的份數。即便是這種方法也並不確定，它只能說明人們曾經有過什麼，而不是現在有什麼。

同樣，當你下次在閱讀時，看到普通美國人每天刷牙一點零二次——這個數據是我瞎編的，但它與其他數據一樣有用——請自問一個問題：任何一個人怎麼可能發現這個事實？一個婦女在看了無數宣傳不刷牙是對社會冒犯的廣告之後，還

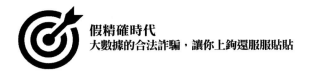
會向陌生人承認自己不經常刷牙嗎？這個統計數據只能對那些關心人們如何談論刷牙的人才有價值，卻根本不能反映牙齒接觸牙刷的頻率。

在某種程度上，人們撒謊是因為想要得到他人的尊重或者喜歡。民意調查者也在「他人」之列，雖然他可能不會再見到民意調查者了。人們總是想要給民意調查者塑造一個人性高貴、富有道德感的形象，不管自己是否真的就是這樣。

在「卡崔娜」颶風侵襲紐奧良之後的一星期，美聯社和一家民意調查機構合作，想要了解一下大眾對這場災難的看法。調查過程中，大約 2/3 的民眾表示自己對賑災活動做了捐款。照這種比例算的話，有六千萬戶家庭在災害之後一星期之內就已經捐款，也就是說，大量捐款已經到達災民手中。

到底有多少捐款是很難弄清楚的。救世軍當時宣布該組織成員每人平均捐助 2,000 美元，為了保險起見，我們不妨假設其他的公益組織不如救世軍，平均捐款額只有 50 美元。按照這樣來算的話，六千萬戶家庭捐助了約 30 億美元。但結果出來後令人大跌眼鏡，因為賑災工作只收到 6 億美元的捐款，而且大多數是來自企業。這就足以說明，其中有大半的人撒了謊。

五、問題問得好，被調查者才會答得好

信徒甲問神父：祈禱時可不可以吸菸？神父：不可以！

信徒乙問神父：吸菸時可不可以祈禱？神父：當然可以！

就在民意調查剛出現的時候，調查人員就已經發現，調查表上的問題表述方式，會對民意調查的結果產生一定的影響。即使表述時的詞語比較中立，樣本人員回答時也會按照特定的方式。

在1990年代，蓋洛普民意調查機構曾與美國有線電視新聞網、《今日美國》合作發起一項關於「美國人是否支持轟炸波黑塞族共和國武裝」的民意調查。結果令調查機構很吃驚，超過一半的人持反對意見，只有35%的人表示支持。就在同一天，美國廣播公司新聞頻道又進行了一次相同主題的民意調查，但是回答的結果與上次相反：65%的人支持，32%的人反對。

這兩次民意調查為什麼會出現兩種完全不同的結果呢？原來，這種差別是由於民意調查的問題表述方式存在差異。

蓋洛普調查機構的問題，讓被調查者認為是美國單獨發起的轟炸行動，而美國廣播公司新聞頻道的問題，則讓被調查者認為是美國和歐洲盟國一起發動的轟炸行動。

民意調查的問題表述方式會影響被調查者回答問題，從而產生系統差錯的出現。有時，民意調查機構並不想要所謂的真相，因為那對它來說相當於一個巨大的負擔。如果能夠給客戶想要的結果，調查機構就能賺更多的錢。也就是說，調查機構會在結果上製造「波坦金數字」。

在美國曾經有過一個非常具有爭議性的案件。特麗·夏沃是一個患植物人十多年的女人，她的丈夫麥可想要醫生將她的進食管拔掉，以結束她痛苦的一生，而特麗·夏沃的父母則希

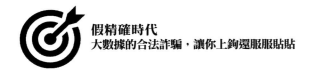

望繼續維持女兒的生命。經過複雜的訴訟和媒體介入之後，麥可獲勝，特麗最終因為進食管被拔掉而餓死。民意調查機構進行了多次民意調查，兩種解決方案都有很多支持者，但在拔掉特麗的進食管上面更有傾向性。美國廣播公司發起的民意調查中，支持拔掉進食管的占 63%。

有些機構對此結果大為驚駭，決定僱用一家重要的民意調查機構再進行一次民意調查。這家調查機構同意調查，並在民意調查結果揭曉之時，在官方網站主頁上發表聲明，稱調查結果表明美國大眾支持特麗和她的父母，希望保護其他所有身心障礙者的生命。

但是這次調查並不是反映民意，而是刻意製造了民意。這家機構在有關身心障礙者的問題中進行了精心的設計，暗示大眾特麗人權被侵犯。在問題中再三使用「剝奪」這一詞語，使普通人很難宣稱特麗的進食管應該被拔掉，因為這個詞太讓人感同身受了，人們會覺得，只有禽獸才會做出那樣的事情來。

當然，這家機構得到了想要的結果，這也正是僱用它的機構想要看到的結果，但真相卻被玷汙了。

製造民意的例子不只這一個。

德國冶金工業工會在 20 世紀曾做過一次民意調查，結果是聯邦德國 95% 的工人拒絕在週六加班。但同時期，德國奧芬巴赫市馬普蘭研究所的民意調查結果，卻是 72% 的工人願意在週末加班。

這兩個民意調查結果完全不同，哪一個更符合實際情況呢？

答案是：這兩個民意調查結果都是不正確的。因為民意調查表本身就存在問題。

投票贊成不加班的選項就放在調查表的上方。可以這樣說，調查表的結果早已被調查方計劃好，不會出現別的答案。對於被調查者而言，問題本身具有很強的誘導性。

以「週末」這一關鍵詞來說，由於工會早在1950、60年代就已經落實五天工作日制度，所以，對所有人來說，充實休閒活動已經成為習慣。在出現下面的選項時，毫無疑問，大多數人會選第一項。

(1)　我認為，週末不休息會對家庭、朋友情誼、社交活動、運動和文化活動造成沉重的打擊。

(2)　在我看來，週末並不是那麼重要，週末不休息可以讓休閒設施和交通設施不那麼擁擠。

(3)　不知道，沒有意見。

用相反的企圖來進行民意調查，設計的問題同樣具有誘導性。比如，「假如您所在的企業營運效益很好，您會不會願意在星期六上班？」馬普蘭研究所設計了以下四種答案。

(1)　都可以吧，週日不工作，週六可以工作。

(2)　如果能夠得到更多休假機會的話，我通常會在週六工作。

(3)　看情況吧，通常會交替著工作。這週工作六天，下週工作四天。

(4)　不，從不願意。

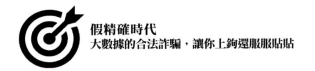

看了上面的選項，72% 的人選擇第一個選項也就不足為怪了。

第五章
廣告中的數字陷阱

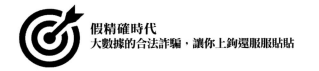

市場經濟時代，廣告如同分子一樣侵入我們的神經，讓我們躲避不及。它影響了我們的日常生活，改變了我們對生活的認知。廣告如果適當，對我們並沒有什麼害處，相反還會為我們提供資訊和指導。但現在廣告中存在太多的虛假訊息，數字就是其中之一。廣告中的數字謊言往往會讓你不知其中到底有何隱情，上當受騙者又何止千萬？

一、徵才廣告有隱情，虛假薪資誘人心弦

人們在找工作時非常看重薪資，但有些公司在徵才時打著高薪資的幌子，誘導人們前去應徵，而且在面試過程中仍然對薪資加以修飾，矇騙參加面試的人。

有一個會計師辭職在家幾個月，眼看手裡沒有存款了，急忙在網路上投簡歷，天天參加面試。他想要面試財務總監或者經理。他在面試時總是先問底薪，然後再問一個月或一年能夠拿多少薪資。

經過朋友介紹，他又去參加一個面試，老闆承諾試用期是7,000元，試用期過後是8,000元，一年收入可以達到12萬元甚至15萬元。但是當工作一個月之後，一看到薪資單，他就傻眼了。因為薪資單上顯示底薪為1,500元。試用期7,000元都是做其他的工作，比如全勤、加班等。這樣一來，勞保基數、退休金基數、年終獎金什麼的都會很少，請假扣的錢也很多。他與老闆協商無果後，果斷辭職回家了。

我的朋友小許也曾遇到過這樣的情況。身處大城市，想要

求得一份穩定的工作，薪資還得不能低於自己租房、吃飯的錢。身處茫茫的大都市，他找了好幾天都無果，最後終於在一家公司的求才公告上看到這樣的訊息：招××××，包吃住，薪資保證底薪 3,500 元 + 業績獎金。當他打電話詢問時，得知第一個月沒有基本薪資，只有業績薪資。他猶豫了片刻，還是決定去那裡工作了。因為想要找一個提供住宿的公司太不容易了。他對我說，在這之前，面試的公司大多數是不提供住宿的，而底薪只有 2,500 元，這讓他著實為難。

不過，等到第一個月發薪水的時候，公司的人告訴他：你這個月賺到 1,750 元。我跟你說一下，我們這邊規定，業績薪資需要達到 2,500 元的水準，才能拿到基本薪資，如果沒有達到，差多少，我們就會從基本薪資裡扣。希望你下個月爭取努力賺到 2,500 元。

他在心裡思索了一會兒，算了一筆帳：基本薪資 3,500元，如果下個月達不到 2,500 元，就從 3,500 元裡扣除，這個月只拿到了 1,750 元，就算沒有進步，下個月還能拿到 3500-(2500-1750)+1750=4,500 元。這也不少啊！以後做得越多，效率越高，賺得也就越多了。不錯！

可是，讓他失望的是，等到第二次發薪水的時候，公司的人告訴他：底薪是 1,000 元，你這個月只完成了 1,800 元，不到 2,500 元，按理說，該扣你錢，不過你是剛來，可能對公司的業務還不太熟悉，就不扣錢了，希望你盡快適應。

可惜的是，小許並沒有像上個例子中的人那樣斷離開，而是仍然在那裡提高效率，爭取拿到更高的業績薪資。

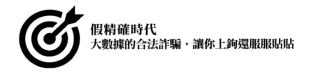
在這裡我要提醒大家的是，在應徵過程中談到薪酬的時候，一定要清楚的了解自己未來薪酬的組成部分，而不要被廣告上的數字所吸引。

有一家製衣廠貼出徵人廣告：招一般工人，月入 4,500 至 5,000 元，一週 5 天，每天 8 小時，雙休。看到這樣的資訊，我就嘗試著打電話過去詢問。詢問之後我很無奈，原來，底薪根本不是 4,500 至 5,000 元，而是 1,300 元，4,500 元裡面有 2,500 元是加班費。大家想一下，這得加多少班啊！如果你想賺得多的話，恐怕只得在國定節假日也加班了。

其實，要想避免遭遇應徵中的數字陷阱，首先要看一下自己想要從事的行業特點。因為並不是每個行業都能一開始就獲得高薪的。比如，每月 5,000 元徵求一名高階程式設計師是很平常的，但要是用這個薪資徵求一名圖書編輯或者普通文書人員，那薪資數目就會讓人生疑了。

二、商品折扣增加 40%，你是否心動？

商家在做廣告時，為了吸引消費者購買，經常使用一些人們不太熟悉的專業說法。有的商家會使用一些相近的概念混淆事實，誤導消費者。

其中最常見的一種做法就是使用百分數，不過商家在使用時偷偷變換了基數，消費者一不注意就會誤解。

節日期間，優惠多多，本產品折扣 20%，今天再給予 40% 的折扣。

當看到這則促銷廣告時，你是否會心動？你是否認為商家這一天給予消費者的折扣是 20% 加上 40% 等於 60%？錯了，這是廣告給你的錯覺，其實 40% 的折扣是在 20% 的基礎上計算的，實際上的總折扣是 52%。

週末所有物品降價 100%。

哇！你是不是覺得自己撿了個大便宜，居然還能免費得到商品？其實你想錯了，這則廣告混淆了比較的基礎。真實的價格只比原價少了 50%。

某項理財產品利率提高 10%。

商業銀行為了增加儲蓄，將某項理財產品的利率由 5% 提高到 5.5%，其實利率只提高了 0.5%，但該商業銀行將提高的利率與原利率作比較，從而得出了提高 10% 的錯誤結論。

人工成本上升 10%，原材料成本上升 10%，管理成本上升 10%，總成本上升 30%，為了廣大消費者利益著想，本公司決定售價只提高 20%。

這則廣告有一個顯而易見的邏輯錯誤，它把總成本上漲幅度用各項成本上漲幅度簡單相加來計算，顯然是不對的。因為即使各項費用都增加 10%，總成本也只能增加 10%。該公司為了提高售價，混淆概念，試圖矇蔽消費者。

本公司的產品銷售量同比成長 20%。

剛開始看到這句話時，你可能會認同公司的觀點：銷售量成長得很快。不過在得知另一則消息後，你可能又會轉變態度，因為同時期全國平均同比成長 30%，該公司的產品銷售成

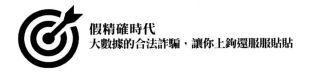

長量遠遠低於全國平均水準。

本公司的飲料從第三季度起價格下調5%。

當你看到價格下降的消息感到興奮時，殊不知飲料瓶的容量也從原來的550毫升減少到460毫升。實際算下來，價格不降反升。

使用××牌護膚霜，肌膚年輕50%；駕駛××牌汽車，生活品質提高50%。

這兩則廣告在第一眼看到時就能識破其謊言。年輕和生活品質是不能被量化的，所以根本不可能出現50%的字眼。這其實是公司為了吸引消費者而虛造的數據，煞有介事。

三、裝潢陷阱玩弄低價數字遊戲，你能看清嗎？

裝潢市場上的裝潢設計報價一直以來都存在很多問題和隱情，如果你是一個不懂裝潢的外行，對裝潢設計報價一般也不會太清楚。有的人在裝潢時只看價格，所以很容易被低價吸引，但結算時卻要價很高。在此，我們來總結一下裝潢時的陷阱，以防大家遭遇坑騙。

1.展開面積≠投影面積

許先生最近在裝潢新房，做衣櫃時，裝潢公司給的報價是每平方公尺750元，衣櫃全部做下來需要花費2,000元左右。

後來許先生又在馬路邊張貼的小廣告上，看到木工開出的報價是每平方公尺 300 元。板材是一樣的，但價格卻便宜了一半多。許先生非常高興，於是選擇了馬路小廣告的裝潢工人。

等到結算時，裝潢工人竟索要 3,000 元，許先生頓時不知所措。一問才知道，裝潢公司的報價是依據衣櫃的投影面積來算的，通俗點來講就是長乘以高，再乘以單價。但馬路廣告裝潢工人給的報價是依據展開面積算的，也就是把衣櫃的所有面加上背板的面積相加，再乘以單價，最後的結果當然會高出不少。

2・單位不同，小心有詐

李先生想要吊頂，在找裝潢團隊時，看到裝潢公司的報價是每平方公尺 130 元，而馬路廣告裝潢工人卻對他說，每公尺 90 元就能包君滿意。李先生沒有多加考慮，很快選擇了馬路廣告裝潢工人。

結算時，李先生吃了一驚。原來，馬路廣告裝潢工人的算法是按照吊頂長與寬的長度之和，當把每公尺 90 元換算成平方公尺後，結果竟是每平方公尺 180 元。馬路廣告裝潢工人的施工品質不怎麼樣，價格卻高出一大截，李先生為此後悔不已，但為時已晚，吊頂已經做好，沒有辦法做出更改了。

3・外牆面積與內牆面積

吳先生找了一家馬路廣告裝潢公司，對方給出的報價是每平方公尺 400 元。在結算時，用建築面積減去公設面積後，對方算出需要收費的面積是 160 平方公尺。不過，當裝潢完畢以

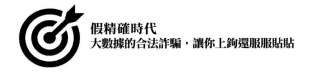
後，吳先生住進去一段時間，在與朋友聊天的過程中才知道其中的陷阱。

原來，裝潢公司算出來的面積是外牆面積，而在實際裝潢過程中應該是計算內牆面積。吳先生房子的內牆面積只有 142 平方公尺。這樣一核算，吳先生還多花了 7,200 元。

4.圖紙與預算書中的尺寸要一致

裝潢之前，裝潢公司一般會出具預算書，裡面列舉了各個項目的預算。業主要在這時仔細查看核對，確保尺寸大小與量尺寸時圖紙上的尺寸保持一致。數據計算要非常嚴格和準確，不然可能會相差幾千元的費用。

正規的裝潢公司一般會給業主兩個方案，讓業主自行選擇，而且正規的裝潢公司能夠合理安排和監管施工項目，讓收費透明化。為了防止受騙，業主除了要多對裝潢材料和裝潢工藝做一番了解外，還可以向這個行業的或者曾經裝潢過的朋友尋求建議，千萬不要只依靠價格來做決定。

四、公司產品滿意度 99.8%，幌子不少

滿意度是指顧客認為商家達到或者超過自己的預期的消費感受。這是一種心理指標，本身雖然是主觀的，但在一定程度上客觀反映了顧客對商品或者服務品質的實際感受，使商家與顧客之間的資訊更對稱透明，可以促進顧客理性消費；對商家來說，可以幫助商家了解顧客對自己的產品如何進行評價，從

而改進經營，提高業績。

滿意度調查要想達到客觀反映實際情況的目的，商家在做調查時就要隨機抽取樣本，只有建立在無偏差隨機樣本的基礎上，滿意度調查才能推斷出正確合理的結論。

但在現實中，有的商家在做滿意度調查時，故意忽視隨機性原則，常常選擇一些特定的人群。有時商家還會向調查對象提供一定的禮品或贈品。這樣的話，就算調查問題很客觀，沒有誘導性，但由於調查對象得到了商家給的實惠，因自利性偏好，產生口是心非的回答。建立在謊言中的滿意度調查自然也是鏡中之花，虛幻一空。

商家有時會在廣告中大肆宣傳：「經過科學嚴謹的調查分析得知，顧客對本公司產品的滿意度高達 99.8%。」

很多顧客購買商品或服務都是衝著好口碑去的，看到這樣一則廣告後，豈有不被矇騙之說。事實上，嚴重有偏差的樣本可以產生商家想要的任何一種結果。

顧客滿意度是指商家兌現服務承諾的程度高低，並不一定指其服務的真正水準高低。有的商家在宣傳時經常會說：「客戶滿意度得分越高，服務就越好。」遺憾的是，這結論並不是真的。在各種 CSI（顧客滿意度）榜單中，排名靠前的企業不一定比排名靠後的企業提供的服務更好、更多、更超值，這只是說明了排名靠前的企業更好的兌現了之前做出的承諾，而且它的承諾可能本來就很低。

拿汽車售後服務來說，我們比較一下賓士和國產汽車的售後滿意度。假如國產汽車的顧客在休息區能夠找到很多種飲

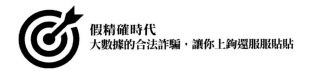

料，休息室地面很乾淨，在進入維修廠和結帳時有服務人員全程陪同，車輛能夠被及時保障品質的修好，就算車輛是因為故障原因回廠的，面對調查問卷，顧客也會對國產汽車的服務給出高評價。

可是賓士的經銷商做到國產汽車的服務水準卻未必會讓顧客滿意。為什麼呢？因為賓士這一品牌讓顧客提高了服務的期望值，可能要求服務人員能夠記錄並觀察自己的需求，在開口之前就能知道自己喝哪一種飲料並端過來。所以，國產汽車的得分高於賓士，你不會說賓士的服務會比國產汽車差，可能只是國產汽車在客戶期望方面做了更多的努力。

每到年初售後服務滿意度調查時，一些汽車商家就會對被調查城市的車主贈送一些禮品，提供一些服務活動，以期與車主建立融洽良好的關係，目的就是讓車主能在調查時說幾句好話。俗話說，「吃人家的嘴軟，拿人家的手短」，車主一般會為商家美言幾句，在調查表上填寫一些不真實的訊息。不過，這樣做除了不能得到真實的訊息反饋以外，以後商家還得重複贈送禮品甚至加重禮品分量，不然車主可能就會對商家的好意發洩不滿。因此，服務的實際品質要得到不斷提高才是主要的。

五、廣告中的辛普森悖論

或許大家對辛普森悖論不太熟悉，辛普森悖論又稱為辛普森佯謬，是英國的統計學家 E.H. 辛普森在 1951 年提出來的。

這一悖論的觀點是：兩組數據，在某一條件下，分別討論可以滿足某種性質，但合併考慮就會出現相反的結果。

（一）藥物 vs 安慰劑

某單位研究出一種新藥，在做藥效試驗時，先給予患者真正的新藥，而其餘的患者則服用安慰劑。在經過多次試驗之後，藥效試驗表出來了。

新藥試驗了一百次，患者得到改進的有六十六次，有效率是 66%；安慰劑試驗了四十次，患者反映得到改進的有二十四次，有效率為 60%。

這一試驗符合研究人員的預期，新藥比安慰劑更有效。不過，由於有效率比較接近，研究人員又做了一次實驗，患者人數增多。

這一次新藥試驗了兩百次，患者得到改進的有 180 次，有效率是 90%；安慰劑試驗了 500 次，患者反映得到改進的有 430 次，有效率為 86%。

兩次試驗的結果都驗證了新藥的表現強於安慰劑，這讓研究人員感到興奮，於是決定將數據合併起來，發表給大眾。不過，合併以後，他們卻發現了自己不願看到的現象。

新藥試驗了 300 次，患者得到改進的有 246 次，有效率是 82%；安慰劑試驗了 540 次，患者反映得到改進的有 454 次，有效率為 84%！

安慰劑的效果比真實的新藥還要好，這也太不可思議了吧。

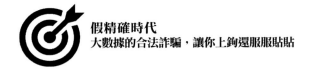

（二）考試成績

兩家外語教育機構 A 和 B，在經過國家級等級考試之後，A 機構發現，不管是男生還是女生，平均成績都高於 B 機構。

A 機構藉此大肆宣傳，宣稱自己的教育品質優良，而且在廣告中貼出了與 B 機構的對比成績。假如某些顧客對真相全然不知，在這些數據面前很容易被「洗腦」，對 A 機構充滿信任，掏出大把的學費。

其實，A 機構與 B 機構的成績是這樣的。

A 機構的男生有 320 人，平均分是 70 分；女生 80 人，平均分是 85 分。B 機構有男生 80 人，平均分是 65 分；女生有 320 人，平均分是 80 分。看起來 B 機構男生與女生的平均分都比 A 機構少，但將男女生的成績進行合計平均，就會出現不一樣的結果。

A 機構：$(320×70+80×85)÷(320+80)=73$ 分

B 機構：$(80×65+320×80)÷(80+320)=77$ 分

我們會發現，A 機構的總平均分其實要小於 B 機構的總平均分，也就是說，B 機構的教育品質要比 A 機構好。

（三）吸菸與健康問題

研究人員調查了 200 人，其中吸菸的人與不吸菸的人各占一半，但吸菸人中患肺癌的有 25 人，不吸菸的人中患肺癌的有 40 人，吸菸與不吸菸的人患肺癌的比率分別為 25% 和 40%。由這一組數據可以得到這樣的結論：吸菸與肺癌沒有相

關關係。

接下來，我們把數據按性別分組。

女性與男性各有100人，其中女性中的吸菸人數有25人，患癌人數與未患癌人數分別有20人與5人，不吸菸人數有75人，患癌人數與未患癌人數分別為40人與35人，患肺癌比率分別是80%和53.3%；男性中的吸菸人數有75人，患癌人數與未患癌人數分別為5人與75人，吸菸與不吸菸患癌的比率分別是6.7%和4%。

數據分組之後，我們可以看到，吸菸與人罹患肺癌具有相關關係。

以上幾種案例告訴我們，只要將條件保持一致進行比較，辛普森悖論就有可能被很好的避免。

六、數字形式巧變樣，感覺不一樣

有很多廣告在進行宣傳時，往往故意變換數字的表述方式，或者對數字的外在進行喬裝打扮，有時還會刻意掩飾。這樣做的目的，無非就是想要在消費者心目中留下深刻的印象和良好的印象，從而促進銷售。

（一）模糊字眼

一家企業在全行業的排名是第50位。排名不算是排在很前面，但由於該行業競爭者眾多，所以這個排名也算不上太

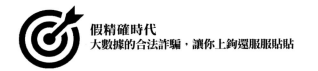

差。企業在進行宣傳時，打算將企業的行業排名標示出來，但如果說「行業排名第 50 位」，留給人的印象太不深刻，會讓消費者覺得該企業實力不強。所以，為了避免這種情況，企業使用了「行業領先」、「排名靠前」這幾個模糊的字眼。使得表面上看來是有底氣的，畢竟排名在前 50 位嘛。

（二）「大」數字

有的商家在做廣告時，將數字的表現形式做了一些改動，意思一樣，但看起來卻是另一番風景。

某家企業銷售泡麵，年銷售額是五千萬包，於是在廣告中將數字寫成了「50,000,000 包」。相信大部分人一看到這個數字都會被震撼到，因為這個數字看起來多麼像一個天文數字啊，所以留下的印象肯定要比「五千萬包」深刻得多。

有時，為了讓消費者感覺價格並不是那麼高昂，商家也會在單位的字樣上做一些手腳。

比如，商家在售賣稻米時，一公斤賣 4.9 元，但在標籤上與其他商家不同，標註一斤 2.45 元。一般的顧客看到數字小，就以為是價格低，很容易被吸引到這個攤位上，成交的希望更大一些。

還有的商家在價格單位上不作改動，但是讓數字發生了變化，也會使顧客上當。

比如，商家在銷售某件定價 700 元的玩具時，故意將價格標籤調整為 0.7 千元／件，雖然數字本質上是一樣的，但人們在看第一眼的時候會特別注意後者。

（三）精確數字

往往越是精確的數字，越容易讓消費者產生信任。假如一種新藥問世，研究調查後，有效率數據為 90%。雖然這一數據能夠支撐上市，但商家在廣告中不會直接呈現這一原始數據，而是將其改頭換面，讓其更加具體。90% 可能會變成 90.32% 或者 90.28% 等小數點較多的數字。怎麼樣，第一眼看上去，你是不是覺得後者更有效？

七、價格就怕比，弄得消費者沒主意

價格的變動往往能牽動消費者的神經，很多消費者在購買商品時，總是用感性的思維來考慮，很容易被價格上的數字陷阱所欺騙，尤其是在價格產生對比的時候，消費者之前的內心主張很快就會土崩瓦解，從而改變決策。

（一）第一個數字

我們很容易受到第一個數字的影響。當我們走進一家奢侈品牌商店，注意到一款極為精緻的包包，標價 7 千美元。很多女性朋友可能會去逛商店，但能購買的人其實並不多，只會在心裡或者對身邊的朋友說：「天哪，這個包包這麼貴啊！」當走到一家手錶店時，一款手錶標價 370 美元。這款手錶與其他普通手錶相比，價格是非常貴的。但你可能會無意識的與剛才的包包價格對比，那當然是小巫見大巫，感覺很便宜。

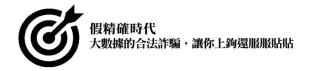
（二）消費者的中庸之道

其實，我們都很害怕極端，既不喜歡廉價的感覺，也不想上當受騙。由於我們無法確定商品的真正價值，那麼索性避開那些極端的價格吧。商家早已摸透了消費者的中庸心理，想出了對應的方法來引誘消費者上鉤。

研究者做過這樣一個實驗：兩瓶酒，一瓶酒價格是五美元，另一瓶價格是 10 美元。最後結果是 60% 的人會選擇五美元的酒，40% 的人選擇 10 美元的酒。當實驗人員又加了一瓶 15 美元的酒時，戲劇性的一幕發生了，選擇 10 美元的酒的人數增加到了 65%！

有一家諮詢公司為一家影印機廠做了價格評估。這家影印機廠主要銷售三種影印機，價格分別是 200 美元、300 美元、400 美元。這裡面 300 美元的影印機銷量最好。這家諮詢公司為廠商提了一個建議，增加一款影印機。這款影印機將 400 美元的影印機增加了一些新功能，價格設定得高了許多。結果顯示，增加第四款影印機後，第三款售價 400 美元的影印機的銷量也迅速上升。

（三）我們只是缺少一個購買的理由

有時候不是我們沒有錢購買，我們只是想要得到實惠，想要買到我們覺得非常便宜的產品。我們只是缺少一個購買的理由。

有一家麵包機店在銷售麵包機時想出了一個絕頂聰明的辦法。他們在一款 280 美元的麵包機旁，放了一個價格為 430 美

元的麵包機。結果，價格便宜的麵包機銷售量猛增了一倍。這時候，價格貴的那個麵包機就是個陪襯，只是為了讓旁邊的麵包機看起來更便宜，而便宜就是我們購買產品的一個很重要的理由。

消費者很容易被價格影響，這說明消費者具有非理性的一面。有一個例子也能很好的反映出這一點。

研究人員做過一個這樣的實驗，他們發給兩組人同樣的止痛藥，第一組人被告知藥品價格是 3 元；第二組人被告知藥品價格是 5 角錢。最後實驗人員詢問他們藥效如何。第一組有 86% 的人認為有效；而第二組有 60% 的人認為有效。很明顯，價格使消費者對產品價值的認知產生了偏移。

八、特價房屋，特價可能只是錯覺

特價房屋是現在很多房地產競爭的法寶，大多數開發商推出特價房屋來吸引消費者，但是特價房屋真的是特價嗎？這其中還存在數字遊戲，大家可要小心謹慎啊！

特價房屋的確存在，但很多所謂的特價房屋其實只是糊弄人而已。

消費者認為的特價房屋，一般是指房地產為了促銷，而拿出來特賣的同等房屋條件下的房子。但往往開發商的特價房屋概念與消費者不同。有記者走訪了幾個標示特價房屋銷售的房地產，發現市場上有兩種特價房屋：採光和樓層不好的；整棟大樓統一售價的。

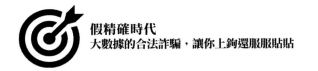
整棟大樓同一個售價的確實是真正的特價房屋，而採光和樓層不好的房子，銷售起來難度很大，通常這種房子到了最後階段也很難賣出去。

有的開發商為了賣掉房子，打出「贈送面積」的口號，但消費者能夠真正享受到這些贈送的面積嗎？實際上，贈送面積是有很強的可操控性的，消費者很難得到實惠。很多時候，開發商贈送的面積早已算入房屋總價當中，只是消費者不知道罷了。甚至，有時贈送面積指的是飄窗和天井的面積。

在房屋交易中，贈送面積是不合法的，而且不能填寫到購屋合約與不動產證明資料中。即使開發商承諾贈送面積，但在交屋時沒有兌現承諾，消費者也沒有辦法維權爭取。

記者經過調查發現，很多建案推出了名目繁多的折扣，比如 VIP 享 9.9 折，銀行貸款 9.9 折，開賣當天購買 9.8 折，交5,000 元抵 3 萬元等，真是五花八門，令人眼花撩亂。

開發商為何玩起了這樣的數字遊戲？到底是打算做什麼？為何不化繁就簡，直截了當的給出最終折扣？購屋者在資訊不對稱的情況下，面對折扣亂象，怎樣才能從開發商那裡拿到底價？有業內專家表示，複雜的折扣很容易把購屋者搞暈，開發商便是利用消費者討價還價的心理，造成「折扣越多、實惠越大」的錯覺。在目前的房地產市場，高標價大折扣的現象十分普遍，這主要是前幾年開始規定房屋銷售實行明碼標價、一戶一價之後，開發商的一種應對之策。

建案的銷售中心通常都擺著一塊房源資訊展示板，上面明確標示著每間房屋的售價，這樣就有效抑制了之前隨便漲價的

現象。開發商心想，價格上升受到抑制了，但打折總可以吧。於是，開發商盡可能將公示出的價格標高，在市場不利時加大打折的力度，市場有利時就變相調價。

經過調查走訪，記者發現，有很多建案的特價房屋賣得並不快。有的建案裡並沒有多少看房的人，但工作人員還是聲稱房屋賣得不錯，還拿出銷報報表，指出上面已經有大約 80% 的房屋打上深色標記，表示已經售出或者已被預訂的房屋，只有剩下的少量白色標記的是可售的。照這樣看來，該建案已經賣出了 290 多戶房屋。

但是經過官方管道查詢，記者卻得到另一種結果：打上深色標記的是地主保留戶，並不是預售屋，意思是說，這部分房屋大部分不是該建案售出的。去掉地主保留戶計算一下，發現該建案的可售房源不到 100 套，而售出的僅僅 50 套。

購屋者買房一定要學會討價還價，首先不要表現出買房的迫切心情，也不要受銷售中心現場氛圍影響，一定要頭腦冷靜，多挑房子的缺點。買房時不但要了解建案各方面的品質，還要對比周邊其他項目，做到心中有數才行。

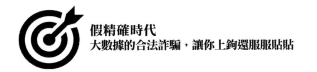

第六章
網際網路的數字陷阱

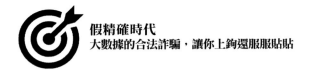

網際網路讓我們的生活便捷了許多，同時也讓謊言流傳迅速了很多。網路上的數字謊言簡直多得數不清，我們一定要提高警覺，謹防被那一串串虛假的數字欺騙。

一、婚戀網站陷阱多，機器人帳號遍地開花

行動網路時代，社交活動變得更加多樣化與便捷化，而婚戀市場也與網際網路結合，發展勢頭正猛。不過，商業運作讓網路婚戀產生了過重的商業氣息，壓得很多用戶透不過氣來，又讓用戶氣不打一處來。

用戶量一直是網際網路的關鍵話題，網路婚戀市場自然也避免不了這一桎梏。因為用戶量是為用戶提供廣泛選擇和成功率的保障，而且能夠吸引新的用戶不斷參與進來，所以很多婚戀網站在對外宣布時，都會將自己的用戶量作為宣傳賣點。

某家知名婚戀網站××網，宣稱其用戶量為一點四億。這一消息透過各種管道傳播開來，規模之大，前所未有，所以眾人皆知。後來，××網又推出了一項牽手速配的活動，使網站的用戶量增至 1.9 億，可以說是網站用戶規模成長的奇蹟。

不過，這些數字是真的嗎？成長的用戶量有價值嗎？裡面到底有沒有商業運作成分？

其實不只你一個人會有這種懷疑，只要透過「××網」這一關鍵字進行搜尋，在搜尋結果頁面可以看到大量對於該網站的質疑性文字。主要有以下三點：

(1) 傳播廣告、色情訊息的帳號過於活躍；

(2) 用戶在剛註冊時，收到大量異性打招呼，但再也沒有下文；

(3) 用戶不儲值，就無法進行下一步交流。

××網的營運模式是這樣的：註冊會員後，雙方在進行深入的溝通時，男性要付費，也就是說，男性要先付費才能進一步溝通。但是很多用戶反映，儲值了很多次，每次都是接收到打招呼的訊息，幾乎沒有下文。

而且，××網用戶的真實性也是經不住推敲的。

第一，××網並不是實行實名制註冊，而且用戶資料除了性別無法更改以外，其他的資訊都可以隨意修改，那麼，帳號真實性還有什麼保障嗎？

第二，當搜尋精準定位時顯示，不限年齡的女性用戶是一百多萬，但在長時間瀏覽用戶資訊後，發現有很多重複的帳號在不同頁面出現。這一弄虛作假的行為，很難讓人相信搜尋結果中的一百多萬這一數據。

由於網站對註冊資訊不嚴格審核，用戶中可能存在大量的虛假帳號、詐騙帳號，為××網1.9億的用戶規模「貢獻」了自己的一點力量。

該網站的營運模式可能是這樣的：公司將1.9億用戶作為噱頭，吸引不明真相的用戶註冊網站，然後透過機器人帳號主動向這些男性用戶打招呼，設定自動回覆，讓用戶覺得網站活躍度很高，誘惑用戶深入溝通，將註冊用戶轉化為付費用戶。

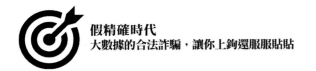

作為大眾婚戀網站，目標用戶群體十分廣泛，若有10%的用戶相信廣告宣傳，繳納會員費，該網站就能獲得巨額收入，然後繼續維持這種模式，等待下一個不明真相的用戶入局。

戀愛與婚姻本來是非常嚴肅的一件事，而且是人生大事，摻入過多的商業運作成分，不僅不會讓戀愛與婚姻過程便利與快樂，反而會讓廣大單身用戶更加迷茫，喪失對人的信任。希望這個行業能夠減少一些虛假訊息，為廣大用戶提供便利的服務。

二、網路金融，產品收益說得不可靠

風險與收益一直是呈正比的，要想獲得高收益，風險承擔得就要多。我想這應該是人們的共識。可是人們就偏愛「低風險，高收益」，這樣往往會落入商家挖好的陷阱。

自從購買貨幣基金的資金管理服務推出以來，網路金融產品就大量出現。這些金融產品都是固定收益類的，不過每一款產品都要比前者在預期收益上高出一部分。有的產品債基達到6%，有的甚至達到8%。但該行業內的人都知道，6%的年化收益率在固定收益類產品中已經是極限了，那些所謂的超高收益很可能是為了吸引投資而做的宣傳，只不過是噱頭罷了。作為投資者，大家一定要謹防落入陷阱。

（一）年化收益率16%？零風險？

某旅遊網站推出了一款理財產品，號稱年化收益率16%，

而且是零風險。但與其他金融產品不同的是，該產品只是顧客購買禮品卡，在到期後獲得一定金額的禮品卡收益，並不能兌換現金。該產品底下有三款理財產品，年化收益率分別為16%、12%、4%，購買的價格在一萬至三萬元。

金融行業人士指出，這款產品雖然類似理財產品，但實質上只是一種優惠活動，高收益只是一種宣傳噱頭。因為禮品卡的流動性過於狹窄，只有具有旅遊需求的人，才有可能接受，所以，一般的投資者不太會認可。

（二）貨幣基金收益 8%？

某公司推出了一款理財產品，號稱年化收益率為8%，最低投資門檻僅為1元，而且即存即取，十分方便。

金融行業的人在知道這一消息後大為震驚，因為普通貨幣基金的年化收益率達到5%就已經很不錯了，8%更是想都不敢想。因此，該公司在當時成為人們熱議的話題。

但好景不長，由於違反了「金融產品不得預測收益率」的規定，公司只能迅速撤回之前的宣傳，當正式發表產品時，再也沒有出現「年化收益率8%」、「無風險」等字眼。

那麼，8%的高收益率是真的嗎？其實，該公司的產品與其他網路金融產品大同小異，收益率也與貨幣基金市場持平，這只不過是行銷手段而已。公司透過短期讓利，採取促銷的方式，讓投資者投一部分錢，自己跟投一部分錢，然後將收益讓渡給投資者，這也就是所謂的4%加4%等於8%，不過期限僅僅是兩個月。到第三個月，公司的產品收益率將會與其他公

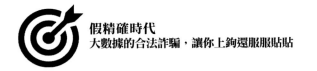

司一致。

(三) 高收益吸睛，文字遊戲？

在某理財產品的網頁上，該公司推出了每日收益率播報。在 7 月 5 日，播報內容為「今日 ××× 最高收益為 5.768%，是活期存款的 16.48 倍。」

對此，一名分析師指出其中的隱情：「它只說了今日最高收益，卻迴避了最低收益，這顯然是不對的。一般來說，貨幣基金對業績的考核標準是 7 日年化收益率，它的做法顯然是在刻意誤導購買者。」

不僅如此，網站將每日收益的播報內容用大號字體標示，十分清楚，而理財產品的投向卻基本上看不見，不僅字體小，字體顏色也與背景色十分接近。還有一點也值得注意，網站上沒有任何風險提醒的字眼。

一旦手裡有了閒錢，大家想要投資時，最好對收益有一個合理的預期，不能輕信「高收益，低風險」的謊言。再者，有必要對產品模式進行一下了解，而不是只看收益多與少。產品模式指的是投資的錢用來做什麼了，以及如何增值。只有對此心裡有數，才能認清產品未來到底有無可能增值。總之，在網路金融問題上，大家一定要回歸理性。

三、你的粉絲究竟有多少是虛假的？

現如今，社群網站是最常用的社會化媒體平台，很多人喜

歡在社群網站上發表訊息，曬照片，分享生活的美好。由於流量巨大，企業紛紛入駐社群網站，發展社群行銷，想要借助平台的巨大流量，為公司帶來潛在顧客。

粉絲在社群網站中是一個不可忽視的角色。社群網站就是一個粉絲經濟的重要陣地。粉絲多，代表你受歡迎的程度高，能滿足個人的虛榮心；粉絲多，說明你分享的訊息可能會被很多人看到，為企業做宣傳和推廣提供了便利的條件。

不過，隨著社群網站的火熱，很多人看到了其中的商機。於是，「殭屍粉」應運而生。

「殭屍粉」是指虛假粉絲，只要你肯花錢，你的粉絲數量就能不斷往上漲，而且成長速度驚人。通常，在你剛註冊時，社群網站會為你提供一些殭屍粉，滿足你被關注的虛榮心。

由於粉絲的重要性得到大家的認可，一些網路商家開始在網路平台售賣「殭屍粉」，價格是 2 塊錢 1,000 個粉，但粉絲上萬要花費 45 元左右。

很多企業為了裝點門面，製造受歡迎的假象，出錢購買了大量粉絲。他們有的甚至以為，做社群行銷就是增加粉絲數量。這樣一來，粉絲數量雖然劇增，但是帳號底下幾乎沒有評論、轉發，與粉絲人數顯然不成比例，明眼人一看就知道是「殭屍粉」。這不過是自欺欺人罷了。

很多明星藝人也會買「殭屍粉」，目的就是提高人氣，在與廣告商洽談業務時用來增加籌碼。比如，曾經某位女明星的粉絲專頁出現過一天之內連續掉粉 12 萬的情況。這恰好證明了其中「殭屍粉」的存在。

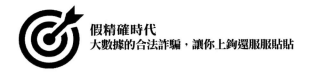

對於這種現象，社群網站官方也成立了專門的團隊對「殭屍粉」進行清理。他們透過一套技術方法來甄別並刪除一些長期沒有動態、同一 IP 位址申請多個帳號的用戶。

面對官方的清理，眾多「殭屍粉」網路賣家想出了一個新對策：他們不賣「殭屍粉」，轉而售賣「活粉」。

所謂「活粉」，是指頭像、個人資料都存在，活躍度很高的粉絲。這些粉絲與真實的粉絲看起來一模一樣，已經可以評論、轉發、按讚你所指定的帳號了。當然，這樣的粉絲價格也相應提高，0.1 至 1 元一個，如果粉絲活躍度很高，每個收費 2 元。

總的看來，「殭屍粉」經歷了以下三個時期。

(1) 「三無」粉絲：頭像、個人發文、粉絲都沒有，關注的大部分是名人和同類殭屍帳號。

(2) 發文數量太少：這些粉絲有頭像、粉絲、發文，但發文數量非常少，通常不高於五篇，粉絲數量也在三十人左右。

(3) 高仿類粉絲：頭像、發文、粉絲都有，每天都發文章，粉絲數量也破百，關注的用戶大部分是真實用戶。

所以，現在你可以核查一下，你的社群網站上面到底有多少「殭屍粉」。當你看到沒有頭像、幾乎沒有發文、粉絲人數為零的帳號用戶時，你要毫不猶豫的將其刪除。因為，保留那些虛榮的、漂亮的、空洞的數字是沒有任何意義的。

四、網際網路的 KPI，內幕真不少

關鍵績效指標（Key Performance Indicators，縮寫 KPI）是一種數據化管理工具，所以相對於之前企業人治的傳統來說更客觀，績效更容易衡量。

在現如今這個網路時代，KPI 對各大企業顯得更重要，很多企業都設定了 KPI，與評級掛鉤，希望以此來激勵員工為公司服務，創造價值。

KPI 的數據一般有用戶量、日活躍數、月活躍數、付費轉化率、利潤等。

由於對 KPI 非常看重，業內形成了看數據說話的習慣。當有人想要說服某人時，那人便說：「請拿數據說服我，數據永遠是不會騙人的。」

然而，他的想法是錯的。數據是死的，而人是活的，數據雖相同，但給不同的人去分析，出來的結果也會是不同的，所以不能忽視人的主觀性因素。企業在制定 KPI 時，首先要有具體明晰的量化數字，不過很多時候，數字並沒有什麼意義。

現在的粉絲專頁經營，經營人員的業績標準是十萬以上粉絲，這讓很多負責粉絲專頁經營的人非常刻苦的鑽研內容，寫心靈雞湯，在標題上嘔心瀝血。雖然這件事體現了內容的價值，如果做得好可以讓企業的品牌曝光量得以提升，但並不是每一個企業都要去追求這個數字，在追求這一數字之前，企業的核心業務必須要得到加強，不然導入流量又能怎樣，用戶轉化率這一指標還是難以完成。

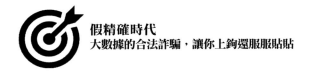

當初社群網站如日中天的時候，作為新媒體核心陣地，考核指標主要是粉絲人數和轉發量。當時很多企業帳號喜歡發心靈雞湯和大量內容。這樣做的目的就是提升轉發量和評論量，KPI 能夠快速提升。但這樣做，貌似對企業的意義不是很大。

另外，在上一節我們也講到過，社群網站存在假粉絲現象，其實，現在很多數字指標都可以透過假造的方式完成，比如文章點閱量、APP 用戶量等。

下面我們來總結一些 KPI 製造數據的方法。

1・用戶註冊數

在出外遊玩時，我們經常看到一些年輕男女站在街上，旁邊立著一個海報，還有一些禮品，看到你路過，就熱情的迎上來，請你掃 QR Code 關注某個 APP，這樣就可以獲得一份贈品。

有時礙於情面，或者是美女、帥哥，禁不住甜言蜜語，再或者是禁不住小禮品的誘惑，你可能就掃描和關注了。有時，你的手機可能空間不夠，他們還會向你提醒，沒關係，安裝完再刪掉也沒事。不知這樣的指標完成以後，對企業能有什麼幫助。

2・活躍用戶數

按說這個比用戶註冊數要有效得多吧，Facebook 也使用這一指標哦！

但有的企業推行登入送積分活動，看上去挺不錯，用戶每

天都登入，KPI 數值肯定迅速漲上去。但不排除一些愛占小便宜的人，只是例行過來領取積分，其他的事情一樣也沒做。這和外掛機器人有什麼區別呢？而且，有的就是外掛。

3・用戶瀏覽數

用戶瀏覽數就是網路上一般所說的 PV。這是網路媒體最常用、最喜歡的一項考察指標。不過，正應了一句話，「上有政策，下有對策」，你可能會對某些新聞網站非常氣憤。這些網站將短短的幾句話硬生生的拆成了好幾頁，你要想看完這個新聞，非要往下翻個七八頁不可。雖說是增加了圖片，但圖片內容有時與文章無關，有時也不是很清晰，嚴重影響了用戶的體驗。

實際上，KPI 所存在的問題，就是短期目標與長期目標不一致的問題。其實 KPI 指標的本意是好的，是為公司持續發展而制定的。但在執行過程中唯數據論，失去了某些價值判斷，為了完成安排的任務犧牲信用，這就將 KPI 變成了公司發展的絆腳石。

五、網路上有排行，灌水太多不可靠

在網際網路時代，上網查查，貨比三家，已經成為消費者的一種消費習慣。但市場情況複雜，金錢角逐的「十大品牌」，人為操控的「暢銷熱榜」，花錢運作的「銷售排行」此類訊息泛濫，令人真假莫辨，不僅讓消費者無所適從，更破壞了

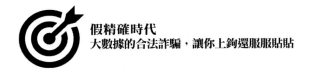

公平競爭的市場環境。一些所謂的「品牌榜」、「暢銷榜」、「信譽榜」，已淪為變相撈錢的工具，編織出一個個「消費陷阱」。

自從網際網路深入人們的生活並形成一種次文化後，面對琳瑯滿目的品牌，消費者總想透過「網路排行榜」為自己的決定提供一些參考意見，卻不承想這「網路排行榜」裡也是一個江湖，藏著不可告人的隱情，品牌排名、暢銷熱榜、銷售排行都有金錢比拚、人為操控的文武鬥，還真是亂花漸欲迷人眼，有人的地方就有江湖啊。

（一）品牌榜

有個人打算進行居家裝潢，在網路上選購裝潢材料時感到頭疼。網路上有五花八門的家居排行榜，他不知道到底該信哪一個了。打個比方吧，僅乳膠漆一項，就有「最受消費者喜愛」、「最高 CP 值」、「最安全環保」等各式各樣的排行榜，名目眾多，看著眼花撩亂，但所推薦的品牌是好是壞，還是拿不準。

隨著品牌競爭日益激烈，網路上各類「十大品牌」排行榜層出不窮，除了家居建材行業的各個領域以外，食品、服裝、家電、汽車等諸多行業，都可以看到這樣的排行榜。隨之而出現的是「品牌排行網」、「優質品牌網」、「排行榜天下」等排行網站，至於是否對所推廣的品牌進行過核實，消費者難免產生質疑。

有知情人士坦言，這類評選或者排行，基本上既沒有標準，也沒有監督，實質上就是競價排名，有的直接拿錢買榜。

　　對於這類評選網站，往往是那些急功近利的小品牌才會去參加，大品牌則不屑一顧。一些資質不明的網站透過「黑箱操作」手法「自然生成」評選結果，之後再對評選過程冠以「大數據」、「雲端運算」之類的萬能前綴，卻對真正的評選標準語焉不詳，對數據來源也諱莫如深。有的網站還將合作客戶分為高級 VIP 會員和策略 VIP 會員，年費分別為數千元乃至數萬元，一位網站服務專員表示，「評選肯定會優先考慮和我們合作的客戶。」

　　網路上此類山寨評選之所以屢禁不止，是因為已經形成了強大的利益鏈，一些所謂的網路「十大品牌」評選已經成為一樁有利可圖的「生意」。在利益驅動下，許多品牌排行榜未經嚴謹審慎的研究調查便已經出爐，既欺騙了人們，又誤導了消費者，不僅使企業的正常營運受到影響，而且將網路排行榜的權威性和可信性降到最低。

（二）暢銷榜

　　進入電商網站，巨量的商品資訊和鋪天蓋地的商品廣告，讓人暈頭轉向，挑得頭昏眼花。此時，能夠快速篩選各類商品，進而生成直覺資訊列表的「銷售排行榜」，自然備受倚重。在許多消費者眼中，「暢銷榜」代表著權威、口碑、CP值；而在某些電商平台方與商家看來，「暢銷榜」則意味著高人氣、高關注度。

　　「暢銷榜」的商業「尋租」空間，致使一些商家忽略了提高商品品質，而是一心「抄近路」，絞盡腦汁將自己的商品送上

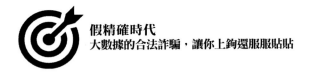

榜首。於是，「刷榜」、「打榜」的非正常行為相繼出現。而偏重眼球經濟的圖書、影音、遊戲等文化領域，則成為「買榜」醜聞的重災區。

過去曾就「買榜」和「書籍評論寫手」問題，對網路書店進行調查。調查顯示，「一些出版社和書商片面追求經濟利益，利用內部員工回購圖書製造暢銷假象」，造成了電商網站上的暢銷排行失實。部分出版商也坦承，由於競爭激烈，讀者主要靠排行榜作為買書依據，「不『買榜』，出版社就沒辦法活。」

出版社和書商「買榜」，導致「暢銷書排行榜」嚴重灌水，大大損害了公信力和指引力，擾亂了相關市場的正常秩序。而消費者被虛假資訊誤導後，不但會降低購書體驗，更會對其社會文化認知帶來負面影響。

(三) 信譽榜

在網路上的生活分類資訊與服務領域，情況也不比品牌榜與暢銷榜樂觀。想要在眾商雲集的網路平台準確的找到值得信賴的商家，有時還需要消費者練就「火眼金睛」。一位具有多年網購經驗的消費者告訴記者，「網路上一些好評價是刷的，壞評價有可能也是刷的，需要花費大量時間仔細分辨。」

某一年，一名網路商店店主為了打擊競爭對手，僱人瘋狂購買對方產品，「惡意刷單」1,500 多次，最終觸發電商平台自動處罰機制，造成對手蒙受損失 19 萬餘元。法院開庭審理此案，涉案網店店主等人被以涉嫌破壞生產經營罪起訴。

業內人士透露，某些電商平台會依據賣家信用、好評率、收藏人氣、累計本期售出量等一系列因素對商家進行綜合排名。同時，廣告也採用競價排名方式，店鋪投入廣告費用越多，店鋪和品牌被用戶看見、點閱的機會越大。一些商家為了爭取更往前的排名，只能向平台繳納高昂的推廣費。而在電商利潤被不斷壓縮的當下，和繳納高昂費用相比，電商更傾向於用 CP 值更高的「刷單」方式提升排名。

電視節目曝光了眾多網路刷單的黑幕，多個電商平台成了「刷單」重災區。近日，某公司更是赫然把「銷售額刷單」公開寫進了招股書，引起軒然大波。該公司負責人對媒體訴苦，刷單是「被逼」的，否則就會被其他「刷單」的競爭對手打敗。如果大家都不刷，其實也沒事。但是，只要有一家刷，大家就只能都刷，進入惡性循環。

個案僅僅揭示了冰山一角。在「刷單」行為的背後，還有無數「刷手」、「帳號」，與公關公司等形成了一條條完整而龐大的灰色產業鏈。「數據造假」、「刷單亂象」已成為電商行業蔓延的毒瘤，應引起相關部門的高度關注，及時加大治理力度。

（四）排名應有准入門檻

目前網路排行榜亂象主要在於排行方法，好的在後面，不好的在前面，交錢多的在前面，交錢少的在後面，實際上是把公共屬性和商業屬性混為一談。

如何完善網路排行榜，讓其權威、公正、可信？

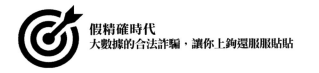
　　我認為應該分層治理，讓市場機制、社會機制、行政干預、法律手段協同作用。

(1) 網路排行榜的營運平台，最好把基礎業務和增值業務分開，排行榜的排名一定意義上具有社會屬性，一味趨利會傷害消費者利益，從而損害網站信譽。排行榜本身不應和收費掛鉤，想獲利應透過增值服務實現，比如評選機構在為貨真價實的好產品做推薦時，可收取一定費用。

(2) 協會、行業、聯盟等社會機制應發揮作用，樹立行規，公開評選標準，完善遊戲規則。比如出現糾紛時，協會可代表消費者和商家談判，並對不良行為有所制約；協會還可以完善排名准入機制，促進排名機構規範運行，不能魚龍混雜。

(3) 政府也應出面進行必要、慎重的行政干預，同時加快立法進程，用法治手段強化治理。

（五）網路平台當擔責

　　網路平台影響力越大，越應多承擔社會責任，越要履行好核對把關責任，制定一套成熟、客觀、系統的評選准入機制，為消費者提供準確、及時、全面、透明的資訊。

　　比如，電商平台對自家平台出售的商品和服務要盡一定審查義務，特別是要用大數據的動態監控方式看是不是有「水軍」、惡意評價、假貨存在的可能性，各類平台上的產品和企業評獎時要做到透明、有依據。網站提供搜尋、競價排名服務，要承擔一定的審慎義務，應比單純刊登廣告義務稍重；當

競價排名出現問題，遭到消費者投訴時，網路平台應當糾正並擔責。

　　法律上，要進一步強調網路平台的監管義務，從網路平台本身特點出發加強監管，同時對不合規範的行為主體進行調查處罰。此外，也要對投資者、消費者加強宣傳教育，提高消費者的分辨能力和風險意識。

六、直播平台很熱門，隱情很多，湊成堆出現

　　某公眾人物稱，一名遊戲女主播欺騙粉絲，自己領取千萬年薪，居然找人代打，同時對直播平台不治理的行為表示痛恨，並表示這對職業玩家與其他遊戲主播不公平。很快，又一名遊戲主播發社群貼文譴責直播平台長期拖欠工資，致使主播出走，很多名人紛紛轉發該遊戲主播的發文。

　　電競直播平台一方面讓有些主播身家千萬，一方面又深陷欠薪風波，這使得直播熱門背後的數據陷阱逐漸暴露。

　　直播平台上的內容有很多種，遊戲直播是其中很重要的一個分支。這次的代打事件反映出遊戲直播中不為人知的現象。有網友表示，遊戲直播找代打已經屢見不鮮，主播一般不分析遊戲裡的出裝，也不描述脈絡，僅僅對遊戲結果進行描述，和解說員類似。有記者經過調查發現，代打已經形成了完整的產業鏈，獲取方式也很方便，在淘寶上就有許多職業代打項目供

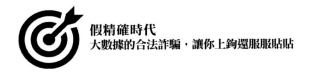

你任意挑選，而且還出現了專門的公司進行經營運作。

據了解，代打收入的分配模式是這樣的：工作室與個人三七分。但是代打的段位不一樣，價格也不同，平均一場比賽只能賺 30 元，與知名主播號稱動輒千萬元的年薪相比，簡直是天上地下的區別，這真是一個莫大的諷刺。

淘寶上還有其他的直播相關產業項目：買粉絲、刷熱門話題，並且還有等級之分。

最低等的就是買粉絲，1 元可以獲得一萬粉絲，如果覺得不夠，花費 10 元可以買到六千人氣，也就是進直播間的觀看人數。但是光有粉絲與人氣的數量並不足以上熱門話題，錢要到位，購買熱門套餐可以把任何人送到熱門話題主播的位置。據悉，透過淘寶買「人氣」、「上熱門話題」已經成為影片直播平台行內公開的祕密。但是，虛假繁榮之後，真正留下的肯定還是那些提供優質內容的主播。

主播買粉絲、買人氣，一切只是為了流量與錢，不僅如此，就連直播平台本身所展示出的數據也謊話連篇，有時讓人啼笑皆非。這其中最出名的事件，就是之前本書中提到過的「13 億線上觀看數」。

如果直播行業表面風光的數據都是刷出來的，那麼這個漏洞該如何填補？經過調查發現，似乎並沒有人想要填補這個漏洞，因為刷數據的除了主播和直播平台，經紀公司也是這其中的一員。據業內人士透露，經紀公司在推廣自己的主播時，會與直播平台進行互惠互利的合作，通常經紀公司可以五折的優惠拿到直播平台的虛擬幣，例如，1 元可以買到 2 元的虛擬

幣，將這些虛擬幣投入所推廣的主播身上，獲得 2 元的盈利，然後經紀公司與平台五五分成各得 1 元，相當於經紀公司分文不花，卻捧了自己的主播，又為平台帶來了流量。當然，在實際操作中，經紀公司投入不只百萬元，而熱門主播在粉絲那裡獲取的盈利，還可以與經紀公司和直播平台分成，不管怎樣，這都是穩賺不賠的生意。

虛火旺盛的直播行業用數據「刷」出了一片繁榮景象，究其原因，是因為直播行業用戶多，產值高，投資的熱錢進入其中，然而顯然沒有明確的管理辦法，導致守法成本高，違法成本低，大家為了競爭，常常會不擇手段。不只是直播，任何新興的網路行業在爆發性成長時都在「打擦邊球」，常常是競爭對手互相檢舉，然後又互相塞錢，形成一個難以監管的惡性循環。

目前直播行業存在不少亟待補充的法律空白。雖然被人詬病的代打行為本身並不存在法律問題，但由於其帶有營利目的，可以看作一個商業行為，對其他主播是不公平的，可能會構成不正當競爭，直播平台刷粉絲刷數據，也可能會造成不正當競爭。從監管上來看，目前很多直播平台沒有證照，並且沒有相應的行業標準，對於註冊用戶也沒有限制，導致了一系列突破底線的事件發生。然而法律管得再多，行業本身不能從內部建立監督機制，也依然無法扭轉無序競爭局面。

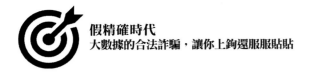

七、流傳二十多年的假數據，是時候拆穿了

大家都知道，現在網際網路的傳播速度可謂勢頭正旺。但它在美國的傳播速度，真的超過廣播或電視了嗎？

雖然這一觀念在網際網路上大行其道，但該結論還是備受爭議。

牛津大學在 2015 年發表了一份報告，報告中，兩位經濟學家列出了一組十分吸引眼球的數據。

電話用了 75 年才吸引五千萬美國用戶，廣播和電視達到這一里程碑，分別用時 38 年和 13 年，而《憤怒鳥》遊戲實現同樣的規模只用了 35 天。數據如此精確，看來研究人員在這上面的確是下了苦功夫的。但事實果真如此嗎？

其實這組數據有很強的誤導性。它完全沒有遵守同類比較的原則。

第一，電話、廣播和電視的統計口徑是由美國人口統計局按照美國家庭數來計算的，而網際網路和《憤怒鳥》遊戲則包含了各類用戶，不是按照家庭戶數計算。

第二，「網際網路」這個詞本身就很有問題。網際網路可追溯到幾十年前，那時軍方和科學研究人員開始將電腦系統連接在一起，直到後來全球資訊網誕生，才真正在短時間內吸引大量用戶。

第三，至於所謂的「五千萬」，在 1950 年代中期，美國的

家庭總數甚至都沒有超過這一數據。所以可以肯定的是，在此之前的所有發明，肯定都要花費較長時間達到這一規模。其實，看某項技術能以多快的速度，被大量美國個人用戶接受才會更有意義，而不是僅僅局限在家裡。事實上，多數美國人是在工作中第一次接觸網際網路，此後才逐漸在家裡上網。

當然，各種發明誕生時的社會和科技基礎不盡相同，新技術比老技術的傳播速度更快，從這方面來看，網際網路並沒有特別之處。有經濟學家專門追蹤各種技術在全球範圍內的傳播方式。例如，研究顯示，心臟和腎臟移植等醫學突破的傳播速度，與網際網路幾乎相同。

照這樣來說的話，這些有關科技滲透的數據雖有一定的基礎，但並不牢靠。與這組數據相關的各種變種，其實已經流傳了二十多年。

實際上，遊戲《憤怒鳥》官方披露的數據顯示，該應用程式上線一年後才達到五千萬次下載。所謂在 35 天內實現五千萬次下載的並不是《憤怒鳥》，而是後來推出的《憤怒鳥太空版》。

事實上，把「五千萬」作為一個里程碑，也有著一段有趣的歷史。挪威電腦科學家稱，他一直在追蹤這個問題，2001年，他第一次發現有人使用五千萬用戶來對比各種技術的傳播速度。所以，他從那時開始蒐集相關資料；2003 年，他還特別就此發表了一篇論文。

科學家稱，1997 年的一份摩根史坦利研究報告，是第一次用五千萬來對比科技傳播速度，該報告對比了「新媒體吸

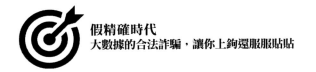

引五千萬美國家庭用戶花費的年數」，結果顯示，廣播用時 38 年，電視用時 13 年，有線電視用時 10 年，網際網路預計用時 10 年。

該報告使用的數據，把「用戶」換成了更加嚴謹的「家庭」。不過，有人仍然感到擔憂，雖然這組數據可能並非完全杜撰，但其來源可能並沒有嚴格使用各種術語，而且存在異類相比的情況。

除了摩根史坦利自己的數據外，那份報告還引述了另外兩個數據來源：一個是密切關注有線電視行業的保羅·卡甘；另一個是兩年發表一次廣告開支數據的麥凱恩·艾瑞克森。卡甘承認他提供了有線電視數據，但艾瑞克森的發言人表示，她並不確定摩根史坦利使用了哪些數據。

於是，這些數據很快傳播開來。美國商務部 1998 年發表的一份名為《崛起的數位經濟》的報告就使用了這組數據，還號稱引用了《網路購物》報告，以及 Interactive Age Digital 提供的有關線上電腦商店的文章。

美國商務部當時在報告中稱，網際網路的普及速度比之前的所有技術都要快。廣播歷經 38 年才吸引了五千萬人；電視歷經 13 年達到這一標準；而網際網路在向公眾開放後，只歷經短短 4 年就達到這一標準。

歐盟委員會的報告、新加坡一家銀行的報告、聯合國在 2000 年的報告也相繼使用了這組「五千萬」數據。這組似是而非的數據，就這麼傳播了幾十年。挪威的電腦科學家在調查過程中，也列出了自己的一組對比數據，多數都源自美國人口統

計局以家庭為單位統計的科技傳播速度。他希望將這些數據的單位轉換成個人用戶，從而能夠更加公平的完成對比，並在論文中詳細闡述了各種調整方案。

其實，要想判斷一種技術的傳播速度，關鍵之一就是確定這種技術是何時誕生的。就此看來，網際網路的誕生時間似乎難以界定。該電腦科學家認為，不少於七個時點都可以被認為是網際網路的誕生時間：不少人認為，網際網路始於1960年代的一次政府行為。當時五角大廈內的美國國防部高級研究計劃管理局因政府需要，設計並部署了一個名為「阿帕網」的網路。

但他最終將1989年作為網際網路的起始點，因為那一年，第一家商業網際網路服務提供商開始在美國營運。如果按照這樣計算的話，網際網路的傳播速度與之前的技術相比也快不了多少。他的數據表明，廣播、電視和網際網路吸引五千萬個人用戶的用時都不到十年。

更加令人意想不到的是，如果按照用戶率，即用戶占總人口的百分比來計算，網際網路的普及速度甚至比廣播和電視慢一些。

美國西北大學凱洛格管理學院教授謝恩·格林斯坦，曾經專門寫過一本有關網際網路經濟史的書。他表示，「網路女王」瑪麗·米克1997年發表的報告，有助於人們了解當時的世界發生了什麼。與1990年年末極度亢奮的情緒相比，她其實已經很腳踏實地了。他指出，瑪麗·米克當時經常發表警告性的言論，稱網際網路的高速成長終將放緩，她還預計，網際網

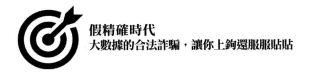
路到 1999 年將實現五千萬用戶。

格林斯坦認為，這類數據之所以廣泛傳播，再次說明了「網路例外論」：很多人一直保持這樣的偏見，網路企業不會遵循其他行業的經濟規律。

與此同時，在被問及能否提供 1997 年那份報告的數據來源時，摩根史坦利發言人說：「那是將近二十年前的事情了。」但並沒有給出進一步答覆。而瑪麗·米克本人也沒有作出回應。

但無論如何，這組數據迎合了大多數人的渴望。它太符合人們的觀念了，所以似乎沒有必要再查證了。

八、網路數據造假為何頻頻出現？

近幾年來，隨著網際網路行業競爭不斷加劇，網路創業人群逐漸崛起，越來越多的數據在宣傳與包裝的影響下失去真實的面目。由於某些領域的產品龍頭爭搶「一哥」地位，數據亂象開始逐漸顯現。

按一般思維來說，數據是沉默的，更不會說謊，但假如傳播數據的人將數據包裝成另一番模樣，網際網路行業就會生出很多亂象，比如網路公司自說自話，誇大數據，但歸根究柢是對產品缺乏自信心。

網路數據亂象通常出現在網際網路的熱門領域，比如 O2O、電商、網路地圖、叫車、線上旅遊等，網際網路行業被大眾質疑數據造假的事件不斷發生，原因不只一個方面。

第一，由於網路公司的業務，大多以用戶成長速度為基本的盈利模式與估值模式，日活躍用戶數與成長速度可以直接影響到公司融資估值。從傳統網際網路的最初階段開始，用戶註冊數、排名關注度，電商的銷售額、訂單數、轉化率、成長率等數據指標，就成為衡量一家公司業務模式的健康程度與盈利模式的想像空間的基礎衡量指標；在行動網路時代，APP 下載量與日活躍數、打開率、存留率、交易量等成為核心指標。這些指標可以吸引投資，拉廣告，創造更高的收購價碼。傳統網際網路時代，用戶註冊數和點閱率可以交給水軍；行動網路時代，無論是點閱率或者 APP 排名，也可以依賴水軍或者第三方刷單公司與服務方來做。可以說，網路企業造假與網際網路本身的基因，即盈利模式與成長模式息息相關。

第二，很多創業型公司要依靠誇大數據，來刺激投資人對未來回報的幻想，方便進行融資。近年來，在網路創業大潮之下，眾多創業投資機構、孵化機構紛紛湧現，全民都在關注網際網路領域的創業，網路創業呈現出生機勃勃的景象。風投與投資機構對網際網路領域創業尤為青睞，從創業者角度來看，數據誇大之後，方便其更有利的融資，拉升其上市的估值，被巨頭收購或者入股，相對來說，數據是最有說服力的。但與此同時，當投資人也陷入這個遊戲中之後，基於本身的利益需求，方便創始人拉升估值並推動更多融資繼續燒錢，也方便自身在利益高點順利退出，投資人對數據造假也會睜一隻眼閉一隻眼。

第三，網路企業的考核機制需要營運數據來量化。企業內部的不同團隊，同一團隊不同成員之間基於各自的利益訴求，

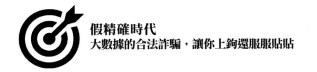

一旦無法完成預期目標，就會開始玩弄虛假手段，比如部門之間、跨部門協作或者與第三方合作方之間，均會涉及彼此共同的 KPI 指標，在同一利益鏈上，互相默契的對數據修飾與誇大也不是沒有可能，與合作方一起結合第三方數據造假行為，開始成為行業內默認的潛規則，數據灌水往往也開始發展成為地下產業鏈的一環。

網路數據造假的受害者，自然是廣大的用戶了。因為用戶有著很強的從眾心理，往往會依據企業的數據做出決策，比如在電商平台，其成交規模往往會影響用戶的購物意向，成交規模越大，就越能刺激用戶轉向該平台消費，所以說，數據影響了用戶的判斷。一旦數據造假被揭露，企業必然會面臨來自四面八方的業界質疑，投資人也會對企業的價值進行重估，用戶對企業的誠信也會進行重新評估，信任價值會迅速降低。

但這一行業讓用戶利益受損的行為時而發生，也與行業的惡性競爭相關。到目前為止，網際網路各領域的格局已經相對穩固，新進入者要想出頭非常困難。整個網際網路行業的目標市場已經相對成熟，成長空間已經相當有限，這必然會使整個行業陷入空間爭奪戰，市場競爭也越來越陷入低水準的重複競爭與數據戰，這顯然不利於整個行業生態的健康運行，也催生了整個行業的泡沫。

避免數據誇大成為網際網路常態，這就需要中立狀態的機制來推動數據監測機構，與企業達成制衡。

當然，關於如何杜絕數據造假，在目前可能是一大行業性的難題，不同人有不同的看法。有業內人士認為，讓會計師事

務所介入網路企業的數據服務可能更嚴謹一些，但即便會計師事務所介入，畢竟也是服務於企業，其中權力的「尋租空間」一定很大，所以，由企業擔任的第三方機構的可靠性，與第三方數據機構，本質上並沒有什麼不同。有新的集團介入，必然會有新的服務於數據的產業鏈出現。

那政府介入會如何呢？比如工商局透過行政建議書等形式公布第三方商家售假訊息，在各電商平台之間，建立起針對第三方商家的資質和信用管理體系，但因為缺乏監控與制衡機制，也難免會產生灰色地帶與權力「尋租空間」。

其他業內人士表示，對於如何判斷數據真假，透過綜合分發管道，以某兩個管道來反推它的新增和日活躍用戶，也是一種相對有效的方式。

總的來說，需要一種機制來推動數據監測機構與平台企業達成制衡，也只有第三方數據監控方與平台之間的制衡，才有可能監測企業發展過程中的一些真實有效的數據，為用戶提供正確的認知。

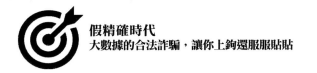
假精確時代
大數據的合法詐騙，讓你上鉤還服服貼貼

第七章

企事業單位營運的
數字陷阱

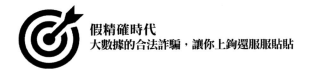

不只市場上充斥著虛假數字，社會中形形色色的機構，比如學校、醫院、交通部門等公共機構也會存在數據謊言。這些謊言可能不是有意製造的，但隱蔽性同樣不可小覷。

一、學校考生真是不同凡響，你關注上榜人數的背後了嗎？

每一年大學入學考成績公布之後，各個高中都會亮出學校的升學喜報。但是，很多家長都被其表面光鮮亮麗的數字所矇蔽，從而忽視了其真正面目。2013 年某所高中發出了這樣一則喜報：

熱烈祝賀本校上榜人數再升新高，本校第一志願上榜人數達 1,233 人，比去年增加 120 人；第二志願上榜人數達 2,632 人，比去年增加 300 人。

看到這樣的數字，家長怎能不對這個學校充滿期待？雖然這個學校的第一志願上榜人數與第二志願上榜人數不少，但該高中的理科最高分，根本沒有上到一流大學，而往年該高中的理科第一二名都能考上一流大學。透過觀察學校門口貼出來的一批應屆學生成績，我們不難發現，學校的優異學生少了，但處於第一志願分數線、第二志願分數線附近的考生卻多了不少。所以，第一志願、第二志願的上榜人數自然就很多了。

但是第一志願、第二志願是一個非常大的範圍，只看上榜人數是發現不了任何問題的。

班級甲和班級乙人數相同，都是 80 人，甲班有 50 人被第

一志願院校錄取；乙班有 30 人被第一志願院校錄取。只看數字的話，你一定覺得甲班比乙班的成績好。但假如你很快得知，甲班是被地方性的第一志願大學錄取，而乙班則是被全國性的第一志願大學錄取，你還會覺得甲班的成績比乙班好嗎？

河北省的××中學在 2013 年有 104 人考入北京清華大學、北京大學，但這些人並不都是靠大學入學考成績考上的，因為北京大學在河北省的甄試招生計劃是 29 人，北京清華大學是 44 人，加上提前錄取的 6 人，總共只有 79 人，遠遠低於 104 人。其實，××中學考入清華大學、北京大學的還有獨生子女、少數民族等加分條件，還有很多是藝術特殊專長學生，另外還有保送生等。當然××中學非常有實力，因為儘管單純的計算裸分，其考入北京清華、北大的人數也不少。

不僅高中學校刻意透過數字來宣傳自己，大學也不例外。

有很多大學會透過學生的就業率來宣傳自己。比如，甲大學與乙大學，甲大學的土木工程科系就業率為 88%，乙大學的土木工程科系的就業率為 58%。你是否會覺得甲大學的土木工程科系比乙大學的好？但是假如你被告知，甲大學的土木工程科系的畢業生是去建築工地當工人和技術員，而乙大學的則是直接去設計公司當設計人員，這時你又會怎樣想呢？

所以，在面對選擇學校這一重大問題時，要學會透過現象看本質，不要被表面數字所矇蔽，從而做出理性的選擇。

二、藥價下降了，你覺得醫藥費真的會少嗎？

在現今患者醫療負擔日益加重的狀況下，取消公立醫院的藥品加成，後來又進一步將藥占比壓縮到 30% 左右。這一舉措旨在減少醫院以藥養醫的現象，減輕患者醫療負擔。

不過，是不是藥占比下降，醫藥費就一定會下降呢？

透過觀察過往數據，我們了解到，基層醫療藥占比下降很快，從 2009 年的 44% 下降到 2013 年的 28%，但人均住院費反而增加不少，幾乎增加 100 元。可見，藥占比雖然下降了，但除藥品以外，其他費用卻上漲了。

其他機構也是如此，雖然藥占比下降，但藥費的絕對值仍然上漲迅速。這是因為其他費用迅速上漲，超過了藥費。教學醫院的藥占比在四年之內只下降了 3%，但門診藥費絕對值卻增加了 20%。

為什麼會出現這樣的情況呢？因為藥占比只是一個比例，醫院要想調整這個比例，可以想出很多辦法。

首先，我們要弄清楚什麼是藥占比。藥占比就是藥品在總費用中的比例。在計算公式中，藥品費是分子，總費用是分母。總費用包括很多，醫院可以將總費用增加，這樣分母增大，藥占比自然就下降了。

醫院通常用增加檢查費的方法來調整藥占比。四年間，某一家教學醫院的人均住院檢查費用增加了 37%；地區醫院

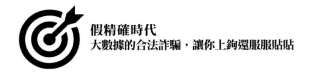

增加了 44%。比如，你得了感冒，10 元的感冒藥就能治癒，解決問題，但藥占比為 100%，醫院可能會讓你購買八元的感冒藥，再讓你做一下檢查，花費你 92 元，但後者的藥占比只有 8%。我想，任何清醒的人都能看出哪一種治療方法更為有效，更加經濟。

有的醫院治療的患者大多可以進行門診治療，但醫院卻小病大治，讓患者住院治療；有的醫院會多開一些大的檢查項目，比如 CT、核磁共振等，並且提高診療費，從而降低藥占比。

出現這種現象的原因在於，醫院的基礎秩序出現問題，很多醫院謀利之心蠢蠢欲動，就算在藥品費用這一塊碰了壁，也會在別的地方切開一個利益的口子進行蠶食。

有的醫院在控制藥占比時甚至會直接砍藥價。有媒體報導，有的醫院為了降低藥價，選擇了更加便宜的仿製藥品，從而將進口藥品拒於門外。這樣做，看似能夠減少藥占比，其實後果很嚴重。由於價格戰導致惡性競爭，低價藥品的品質普遍不佳，治療效果不好，患者的治癒率降低，重複就診率或者復發率就會很高，這仍然會導致醫療費用的上升。

這樣看來，藥占比並沒有那麼重要，一味的控制藥占比還可能會引起一系列的消極影響，阻礙醫療效果。控制藥占比也不只是簡單數字的問題，藥占比降低並不能說明患者醫療負擔的減輕，以及看病難的問題的緩解。我想，我們都不想看到藥占比下降，患者的醫療負擔卻加重，醫院被表揚，而患者寒心的現象。

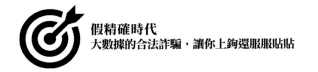
三、霧霾減輕了，真的是車輛限行的原因嗎？

機動車輛單雙號限行，PM 值下降 58%。

2014 年 11 月，北京舉辦 APEC 會議，這是自 2001 年上海 APEC 會議之後，第二次在中國舉辦 APEC 會議。由於很多國家都前往參加，為了展現良好的形象，減少空氣汙染，北京市實行了十天左右的單雙號車輛限行政策。幸運的是，在 APEC 會議期間，北京的天氣一直非常好，陽光明媚，和風習習，天空湛藍。霧霾情況得到根本性的好轉，PM2.5 未超標。

會議舉辦得非常成功，市民也享受了幾天好天氣。在會議結束之後，環保部門和北京市政府總結出一套經驗，最重要的一項，便是汽車實行單雙號限行。

於是新聞報導這樣說：

APEC 會議期間，由於實行減排措施，北京 PM2.5 日均濃度值平均下降 30% 以上。在 1 至 12 日這 12 天裡，北京的空氣品質分為三個級別：一級有 4 天；二級有 7 天；三級有 1 天。全市實行單雙號限行措施，使得機動車輛排放汙染物的總量得以大幅度的下降，PM 值下降 58%。環保局提到，正在研究排汙費、擁堵費等措施，計劃對 40 萬輛「國一車」限行。

所謂的「國一車」，是指 1999 至 2003 年購買的車輛，因為這一階段正處於中國國家排放標準第一階段。

儘管中國的政府部門後來提到，單雙號限行不是經常性的，但上面的結論也使人確鑿的相信，北京的霧霾是由汽車排

氣所引起的，單雙號限行能夠明顯改善空氣品質。這個結論有數據支撐，人們也親身體驗過這一點，所以不得不相信。

但事情真的就是這樣嗎？

很多人並不知道，從 10 月起，北京就開始為 APEC 會議做準備工作。北京的大量工廠不再生產，工地停工，周邊的化工廠以及建築工地也都受到限制。甚至連八寶山火葬場，也禁止在那段時間火化死者衣物。但這些措施究竟對空氣品質的改善產生了多少作用，我們無從得知。

很巧合的是，那段時間北京的天氣一直很好，從 10 月底就開始告別陰天，連續多日都是晴朗天氣。透過氣象記錄可知，在 APEC 會議期間，北京的晴轉多雲天氣只出現過 4 次，其他時間都是晴天。在這段時間，風也很重要。幾乎每三天就要颳一次 3 至 4 級的風，其他的時候也在颳 3 級以下的微風。

透過這一情況我們可以得知，北京那幾天本來就是好天氣，霧霾本來就不容易形成。那麼，好天氣在減少空氣汙染上，究竟有多大的影響呢？我們也是無從得知的。但不得不說，這種影響肯定很大，不能將其忽視。

那麼，我們還能輕信「機動車輛單雙號限行，PM 值下降58%」這句話嗎？

相關 ≠ 因果，單雙號限行可能會對空氣品質改善有一定的作用，但空氣品質改善是由很多原因形成的，變量頗多，不可能只是單雙號限行一種。單雙號限行與空氣品質改善具有相關關係，但不具備因果關係。

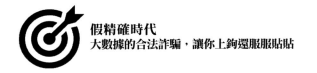
四、電視收視率有那麼簡單嗎？

近幾年來，電視綜藝節目風生水起，本土節目和引進節目共同競爭，電視行業看似一片繁花似錦，欣欣向榮。時常會有新聞媒體爆料某家電視台的節目收視率再創新高，廣告費隨之水漲船高，觀眾也隨之興奮，慕名觀看節目。

收視率指的是在某一時間，觀看某一電視節目或電視台的人數占電視觀眾總人數的比例，通常用百分比表示。

通常情況下，收視率達到 1% 就已經很不錯了，尤其是在人口基數大的國家，而且現在電視台很多，競爭很激烈，人們的選擇多種多樣，不容易停留在一個電視節目上。但是有很多非常炙手可熱的電視劇或電視節目，收視率也有可能突破 2%，甚至更多。所以大家要注意，如果一個非常熱門的電視節目的收視率，要比某個不知名的節目收視率還要低，你就要多想一下，是不是收視率做了什麼手腳。

（一）收視率的玄機

由於測量方式、樣本數量、計算體系的不同，調查的收視率也會存在差異。電視台可以選擇不同的樣本涵蓋率去核查收視數據。因此，收視率數據衍生出兩種方式——全國網和城市網。

全國網的樣本數量不算多，不及城市網，但抽樣較均勻，涵蓋大城和小鎮，由此推及全國收視率，這樣做能夠更隨機，更全面；城市網的樣本數至少要達到五萬至六萬，但樣本戶基

本上是城市居民，而且相對固定，非常容易造成樣本汙染。

　　某城市作為一個國家的政治文化中心，一直以來是收視率的一片淨土，這裡有數千萬的電視觀眾，但樣本戶只有 500 個。自從 2014 年 4 月以來，該地的電視台收視率數據也開始讓人思索不透。因為之前一直在該地區黃金時段收視率排名第一第二的電視台，在該城市有著不可動搖的電視觀眾基礎，排播劇品質並無多大變化，但收視率接連下降，在本地電視台排名超出前十名，甚至還不如一些外地台。

　　那麼，樣本戶是如何被汙染的呢？

　　我們透過了解得知，樣本戶家庭裡都會有一個類似電視機上盒的裝置，名字叫收視測量儀。一個類似遙控器的設備配合這台儀器使用。樣本用戶在看電視之前要先按一下這個設備，數據調查公司就會知道是誰在看電視，以及看的是什麼電視節目和電視台。如果用戶不想看了，需要再按一下設備，記錄就完成了。

　　看來，收視率汙染的源頭就在這些樣本戶中。用於該地區的收視樣本戶只有 500 個，只要汙染幾個樣本戶，就能將收視率提高一個點。這小小的一個點就關係到電視台的巨額廣告收入，還會影響一檔節目的生存發展。

　　數據調查公司的工作人員在前去樣本戶家裡調試、維修設備時，都要謹防有人跟蹤，有時會迂迴繞彎，躲開盯梢者。但這也不能避免別有用心的人發現樣本戶地址。當樣本戶暴露之後，想要提高收視率的人就會帶著柴米油鹽或其他小禮品誘惑樣本戶，對其進行「糖衣砲彈」的轟炸，最終汙染了樣本戶。

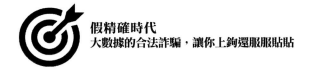
(二) 收視率為零？

如果收視率數字顯示為零，意味著這部電視劇或者這檔綜藝節目沒有觀眾，這是很多人的誤解。其實，收視率上的一個點，對應著一千萬人收看，所以零這個數字並不是指的沒有人看，而是數據太小，不足以呈現在收視率數值上，是統計學意義上的零，並非實際上的零。

(三) 收視率 vs 收視占比

有兩檔綜藝節目在比拚收視率時，一個宣稱全國網收視率為 1.91%，一個宣稱城市網收視率是 2.21%，是同時段電視台收視率第一。而另一家立刻發表數據，稱該節目在週五晚上的收視占比為 11.24%，同時段排名第一。

對收視率數據不在行的人可能會覺得 11.24% 的收視占比非常高，但殊不知，收視占比與收視率是不一樣的。

收視占比是在某一段時間內，觀看節目的觀眾占正在收看電視的觀眾的比例，由於分母數量變小，百分比的數值肯定會變大。

收視率造假汙染的是整個電視行業，現在對此懲戒力度還不夠。放眼國際，以日本為例，日本一家電視台的節目製作人因為賄賂樣本用戶，當東窗事發後，他本人被判處刑罰，而且電視台的領導者也引咎辭職，並向全國道歉。

要想保持電視行業的良性發展，確實有必要加強對收視率的監督力度，希望能夠有更有效的第三方監管機構對數據調查公司進行監督，全面有效的把控整個流程，確保收視率的一

片淨土。

五、上市公司融資額，造假危險且愚蠢

世界著名的大企業幾乎都是透過上市融資來進行資本運作，實現規模的裂變，從而具有了更好的發展機遇。這使很多欲上市的公司，虛報融資額來彰顯自己的實力和未來的發展前景。

2016 年 2 月底，兩位著名投資人發起倡議，希望創投界能夠治理虛報融資額的行為。

（一）上市潛力股公司

透過查閱公司財報，我們就可以發現公司是否虛報融資額了。首先要查閱公司當時宣布的融資額，再查閱招股說明書訊息，經過對比即可得出結論。我們以即將上市的 ××× 為例來做一下說明，因為這家公司的造假惡劣程度非常高，造假次數是最多的。

2011 年 5 月，××× 曾啟動過一次 IPO，宣稱獲得了 A、B、C 三家機構的投資，總計約 2 億美元。但招股書上顯示的實際融資額卻只有 5,500 萬美元，大概放大了四倍。其實 A 機構先投資了 500 萬美元，然後 B 機構和 C 機構分別跟投了 3,000 萬美元和 200 萬美元，又過了一個月，C 機構和其他機構一起投資了 1,800 萬美元。

2014 年 5 月，×××的 CEO 宣稱又獲得 5,000 萬美元融資，

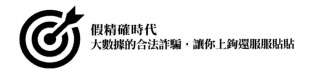

但招股書上顯示，這筆融資只有 2,500 萬美元左右。

×××兩次虛報融資額，而且都是在 IPO 之前，顯而易見，這主要是為了增強市場信心。

有的公司不會像×××這樣大膽虛報融資額，但也只是相對謹慎了一些而已。它們很少會將融資額乘以 3、5 或者 10，也很少把幣值換成美元，將估值當成融資額的也不多，主要是充整數，或者還沒有拿到融資額就已經宣布了。充整數的意思是說，公司融資額是 1,600 萬美元，它會說成是 2,000 萬美元，把 8,500 萬美元說成 1 億美元，等等。

（二）上市企業所投公司

今年 3 月 6 日，×××宣布完成 C 輪融資，數額高達 1 億美元，公司估值達 10 億美元。

這家公司的融資歷程如下所述。

2013 年 4 月：A 輪融資 400 萬美元；

2013 年 7 月：B 輪融資 2,000 萬美元；

2015 年：C 輪融資 1 億美元。

透過數字我們發現，公司融資額的漲速非常快。不過，這一消息一經公布，投資人馬上紛紛表示不滿。一位投資人說，去年年底他對公司的估值只有 1 億至 2 億美元，過完春節就變成了 10 億美元，估值整整翻了 5 倍。但公司高層並未透露這段時間公司究竟發生什麼劇烈的變化，很值得懷疑。

在 1 月的時候，該公司的 APP 在應用程式商店排名 900

位，DAU（日活躍用戶數）估計也就在 60 萬至 70 萬，單憑這一點，估值就不該是 2 億美元，因為上浮 50% 就是最多的了。

公司高層說，APP 產品的跟投方是一家中概股上市公司，在 B 輪跟投，以前是小股東，現在則是領投。經過查閱資料，我們發現領投的這家上市公司，本身披露的融資數額也不真實。該公司在 2010 年宣稱融資 2,000 萬美元，實際只有 910 萬美元；2011 年，他們又宣稱融資 5,000 萬美元，但實際上只有 4,122 萬美元。想一想也很理解，畢竟領投方的信譽與創業者的融資造假可能性還是很有關係的。

創業公司也有虛報融資額的情況出現。不過要注意的是，創業公司 A 輪融資一般在 300 萬至 500 萬美元，能夠達到 1 億元人民幣的很少，不會超過 15 家，但有報導稱，A 輪融資額達到 1 億元人民幣及以上的公司超過 60 家，很多家公司甚至都沒有公布投資方。

眼看虛報融資額這一行為在創投界越演越烈，希望相關監管部門能夠引起重視，儘早採取措施壓制這股不正之風。

六、高鐵上座率大於百分之百，有的車廂還沒人？

2011 年，某國交通部曾在網站上發表消息稱，某月高鐵開動列車 5,542 列，平均每天 179 列，乘客數 525.9 萬人次，平均每天 17 萬人次，平均上座率為 107%。

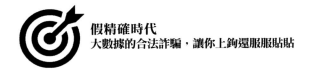

　　很快，網友紛紛在網路上吐槽：「我幾乎每次坐高鐵都有空座，也就只有週末的時候人才會坐滿。車廂裡也沒有出現過站著的乘客，那這個107%是怎麼得出來的？」、「太驚訝了，這個數字是怎麼算出來的？我在前幾天上車時看到的可不是這樣子，二等車廂最多也就30%的人吧；一等車廂就更別說了；商務座才三個人。」

　　交通部針對網路上的質疑做出了回應。

　　列車上座率反映的是購票上車的乘客數和列車定員的比率，是用來反映列車席位利用率的。高鐵中途停站，有的乘客上車，有的下車，席位是重複利用的，所以上座率超過100%是有可能的，100%的上座率並不代表車廂滿員。

　　2010年人們也對此提出過質疑。當時交通部曾回應稱，如今鐵路運輸資訊已經數位化，乘客購票人數是由電腦統計的，準確可靠。乘客之所以會產生上座率高低不一的感受，主要是因為上座率是一個平均數，而每一趟列車的上座率不是非常均衡。

　　為此，交通部還公布了列車上座率計算公式。

　　列車上座率＝購票上車的乘客數／列車定員

　　舉一個例子，某列高鐵的定員是556人，如果直達的話，在發車站有480人購票上車，上座率為480÷556=86%；如果中途停靠，下車400人，上車100人，到達終點後，雖然車上只有180人，但上座率是(480+100)÷556=104%。這就是剛才提到過的一個現象，由於乘客有上有下，座位可以重複利用，所以上座率超過100%是很有可能的。

一位統計專家指出，交通部的這種算法有爭議，灌水不少，一點都不客觀。依照經濟學的角度，上座率與票款收入也是不對應的，很容易讓乘客產生誤解。超過 100% 的數字看上去挺大，但實際數據沒那麼多。他認為應該統計列車的有效上座率。

公式為：

有效上座率 ＝ 有效里程數 ÷ 座位里程數

有效里程數是指座位上有人時，列車的行駛里程數；座位里程數是指座位空置或者有人時，列車的行駛里程數。

我們仍然按照之前舉出的數字為例。如果是直達車，在發車站有 480 人購票，上座率為 480 人 300 公里 ÷556 人 300 公里 =86%；如果不是直達車，發車站有 480 人上車，在中間停靠一站，下車 400 人，上車 100 人，列車上只有 180 人。有效上座率則為：[(400 人 100 公里)+(80 人 300 公里)+(100 人 200 公里)]÷556 人 300 公里 =50.36%。

由此可以看出，交通部算出的數據是經不起推敲的。

七、可恨的誘餌式標題，死亡率可不能這麼對比

曾有這樣一組數據：2013 年每十萬名實習學生中，發生一般性傷害的人數約 78.65 人，其中死亡 4.69 人，遠遠超出去年同期調查的 39.9 人和 3.96 人，同樣比全國工礦企業每十

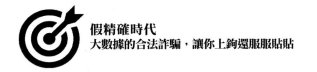

萬名職工的平均死亡率 1.636 人要高。

有的媒體在報導時使用了這樣的標題：

職業院校的實習事故死亡率高於煤礦事故！

對於職校學生實習安全事故類頻發的現狀，教育部相關負責人指出，造成事故傷害率和死亡率居高不下的主要原因，有如下幾個：

實習專業不對口現象突出

專業對口的實習生占比不足 80%。專業不對口導致學生無法勝任實習的職位工作，操作失誤率增加。

約有 42% 的實習生為異地實習

由於對社會環境不熟悉，異地實習學生在交通、住宿、餐飲等工作以外的環節，存在不安全的因素和風險。

實習安全教育與管理流於形式

共有 15% 的職業院校未安排專人負責學生的實習風險管理工作；7% 的職業院校未針對實習生安全事故制定相應的應急預案。

在報導實習事故死亡率時，記者使用統計數據進行比較的方法，明顯有很多漏洞。

(1) 從報導來看，教育部所統計的是學生在實習期間的死亡率，可能會包括非生產安全性質的車禍、溺水等情

況，而安監部門定義的「十萬人死亡率」則特指安全
事故的死亡率，如此統計口徑上的差異，顯然會使前
者被相對放大。

(2) 實習學生全部在生產一線工作，可作為比較對象的應
該是企業新入職員工，而「十萬人死亡率」的基數是
所有從業人員，在有的企業，員工中管理人員和一線
員工的比例高達 1：1，顯然「十萬人死亡率」小於一
線員工和新員工的死亡率。

(3) 記者故意偷換概念，工礦企業的「十萬人死亡率」與
煤礦事故的死亡率顯然是兩個概念，無法直接替換。

寫這篇報導的記者，可能就是運用了網路上流傳的「誘餌
式標題」——用強烈的對比來吸引讀者的眼球和滑鼠的點擊，
主觀上不試圖還原真實的職業教育，而只想建構一個虛無的職
業教育圖景。在此，我想提醒職業教育界人士，要勇於公開承
認職業教育的不足，用專業、理性的態度參與到公眾討論中，
而不要對諸如實習中的問題避而不談，讓職業教育圈外的人士
占據這類討論的主導權。

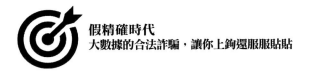
假精確時代
大數據的合法詐騙，讓你上鉤還服服貼貼

第八章
生活中的數字陷阱

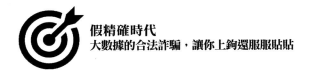

在日常生活中同樣存在非常多的數據謊言，你很有可能就在不知不覺間被數據謊言給欺騙了，自己卻渾然不知。這一章都是與自己切身利益極其相關的例子，希望大家提高警惕，防止自己的利益受到損害。

一、攤販找你小錢，先不要著急走開

每天下班之後，很多人都會到黃昏市場購買蔬菜，那裡聚集著大量群眾，人頭攢動，十分熱鬧，攤販的腰包也在此時慢慢鼓了起來。雖然大部分攤販能夠遵紀守法，合理經營，但總有一些人貪圖利益，在邪門歪道上想出一些鬼點子，坑騙民眾的錢財。雖然每次不多，但長此以往，必然破壞黃昏市場的秩序，同樣也損害民眾的利益。

攤販一般會在找零錢時動歪腦筋。

（一）耍賴裝傻

王女士反映，她在黃昏市場購買一些蘋果，付款時拿出來50元，攤販在找零時，不停的在包裡翻動，然後找給她兩個1角硬幣，接著給了她2張1元的紙幣，便不再理她，轉而去招呼其他的顧客。

王女士並不是第一次遭遇這種情況，她曾經被攤販用這樣的方法騙過，所以這一次一眼就看穿了攤販的把戲。於是她立刻大聲對攤販喊：「你還沒找完錢呢！」攤販還是不搭理她，她就又說道：「我給了你50元，你怎麼只給我2塊2毛，你還得找我40塊錢呢！」攤販卻故意裝傻，對她說：「你是給了我

50 元嗎？不是 10 元嗎？」

　　市民王女士早就留了一手，她把那張 50 元的流水編號說了出來，讓攤販打開包找一下。攤販知道自己不占理，就不再多爭辯，馬上給了王女士 40 元。

　　王女士說，她之前就遭遇過攤販耍賴裝傻，而且自己吃了啞巴虧。當時她購買了 5 元的辣椒，她沒有零錢，就給了攤販 100 元。結果攤販竟然當作 50 元給她找零。由於當時人比較多，她有急事，零錢也比較多，她沒來得及細看就離開了。等她離開後發現數額不對，回到攤位上找攤販理論時，攤販就是不認帳，還反誣陷她冤枉人，王女士不僅損失了錢，還受了一肚子氣。

（二）障眼法

　　有的攤販在找零時會用障眼法欺騙顧客，做法是趁顧客不注意，攤販將錢抽走一部分。

　　很多民眾都反映，他們曾遭遇過攤販的障眼法騙術。警察接到民眾報案後，在監視畫面中清楚的將攤販作案的全過程記錄了下來。原來，只要顧客給攤販一張紙鈔，攤販在找零時會故意找錯，顧客發現後，攤販手持一大把鈔票再數一次。小動作就出現在這一刻。因為攤販在數錢時會從上往下數，偷偷的用右手中指和無名指，把最先數過的幾張紙鈔壓住折疊，等數完錢後再裝作找錢的樣子，在包裡給顧客再找 5 元，當把零錢遞給顧客時，偷偷的將之前壓住的錢抽走了。

　　還有一種障眼法。攤販利用人的粗心，在找零時故意將紙

鈔對折，沒仔細看會以為是 2 張。像底下這個例子，小王去黃昏市場買水果，總共花了 7 塊錢。他給了攤販 10 塊錢。攤販從包裡找給小王錢，小王接過錢看了一眼，猛一看以為是 3 張 1 元的紙鈔，就直接放到錢包裡了。等回到家整理錢包的時候，他發現，攤販只找給他 2 塊錢。其中一張紙鈔被對折了，和另一張紙幣放在一起，朝一頭對齊，在上面蓋上了沒有對折的紙鈔，這讓小王誤以為是 3 張 1 元的紙幣。當然，如果從另一頭看的話就很快被識破了。

攤販除了在找零錢時耍滑頭以外，還可能在秤重時對你算計。

（三）墊秤

攤販通常喜歡使用保麗龍箱來墊秤，由於保麗龍箱表面並不平整，使秤的重心不穩，攤販再調節一下，菜的重量就會增加。

馮女士經常在家門口的菜市場買菜，近幾天，她就為買菜被坑煩惱不已。她在晚上買了兩斤菠菜，花了 15 塊錢。但是當她把蔬菜放在自己家的秤上秤重時，發現菠菜只有 1.6 斤，差了 .04 斤！她馬上回到菜市場，發現菜市場的秤底下都墊著白色的保麗龍箱或者保麗龍板。

（四）耍秤

有的攤販在秤重時顯得動作很麻利，其實有可能是在耍秤。

　　龐先生有一次逛夜市買小白菜，當他挑好菜遞給攤販時，商販麻利的將小白菜扔在電子秤上，直接就拿起來裝進袋裡，說：「不多不少，正好 2 斤，給我 5 塊錢就行了。」龐先生沒有多想便付了錢。等走到另一個攤位時，他順便把買的小白菜放在電子秤上，看到只有 1.5 斤。感到受騙的龐先生馬上返回到菜攤攤販面前理論，攤販用天黑沒看清來搪塞，並補足了分量。

　　為了防止攤販在秤上耍滑頭使自己遭受損失，我們不妨在買菜時隨身帶一個參考物品，比如手機。在買菜之前，就將手機的重量秤好，買菜時放到攤販的電子秤上，看數值是否有出入，如果有，就說明這個攤販的秤有問題。

二、步數多，健康也不一定會來

　　隨著幾款健身 APP 和運動手環風靡全球，很多不怎麼鍛鍊身體的人也開始透過跑步、走路的方式來鍛鍊身體了。運動手環和健身類 APP，可以很好的呈現出每天走路的步數，對於很多抽不出時間來做有氧運動的朋友來說，每天走一定的步數，看似可以產生一定的鍛鍊效果。其實，早在健身類 APP 之前，很多機構就已經提出過以步數為參照，來進行運動的建議。最廣為人知的要數「每日一萬步」的口號了。

　　不過，儘管每天走一萬步看起來很好，但請不要忽略了其中的關鍵點。

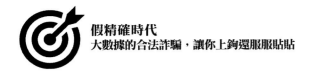

1・步數 ≠ 運動強度

　　單純的步數並不能代表運動強度，而運動之所以對健康有益，很大程度上是由於運動強度。假如步行的強度太低，不能讓身體產生緊迫反應，那麼，對健康並沒有什麼太大的好處。

　　運動強度的單位是「MET」（梅脫，能量代謝當量）。它表示每公斤體重運動一分鐘消耗 3.5 毫升氧氣。1 MET 的強度大致與成年人的靜坐狀態接近。

2・生活步數 ≠ 運動步數

　　很多人從早到晚一直佩戴著運動手環或者計步工具，這就導致在日常生活中的步數與運動的步數混淆在一起了。

　　剛才我們剛剛講到強度關係，其實生活中的很多步行，強度非常低，而且站姿和走姿也不正確，不會對健康產生任何有益的效果。

　　研究發現，成年人平均每天走八千步，但這八千步的強度太小。如果運動手環記錄你走了一萬步，其實只有兩千步是真正有效的運動，而這個運動量太小了。你可能在晚上看到自己走了一萬步，覺得自己運動量不少了，於是就放棄了原本計劃的運動，其實這樣對健康沒有一點好處。

　　所以，儘管計步工具能夠很好的記錄你的走路步數，但假如只考慮步數，不考慮強度的話，是沒有多大意義的。

　　體力活動指南這樣建議道：「成年人要想達到健康鍛鍊的效果，一定要每週 5 天，每天做不少於 30 分鐘的強度為 3 至 6 梅脫的運動。」3 至 6 梅脫，如果使用步頻來計算的話，大

概是每分鐘110至130步。按照這項建議，一般按照每分鐘110步的步頻走3,300步就可以達到促進健康的目的。

不過，你能確定這些APP給出的數據真的準確嗎？

很多使用過運動手環或者計步器的人可能有過這樣的困惑，明明自己數了一遍步數，是3,000步，為什麼計步器只顯示2,700步？還有的人因為自己沒有走路，但計步器仍然計數而感到高興，這樣他的步數排名又上升了幾個名次。

首先我們要了解計步器的計算原理。人在步行時重心會改變，設備中的感測器和協作器因重心改變而計數。如果在不想計數的時候身體重心偏移，致使計步器搖晃，步數仍然會記錄下來，所以就使步數摻雜了水分。

還有，運動類產品在計步數據上存在偏差，不同的設備之間，步數差距可能達到23%。

所以，我們使用健身類APP時，只要把它當作一個參考就可以了，千萬不要對上面顯示的數字迷信盲從。

不過，運動一定要科學，千萬不要盲目攀比，為了步數排名不惜犧牲自己的健康，本末倒置。如果運動不當，很可能會患滑膜炎，使膝關節產生積液，導致膝蓋痠痛。所以，每天步數最好不要超過一萬步，而且儘量選擇平坦的道路，避免對膝關節的磨損。

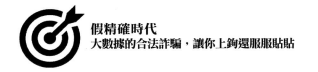

三、有折扣就便宜？可沒有那麼好的事

在促銷旺季，很多行業都掀起了促銷狂潮，我們常常能看到「清倉大拍賣」、「買一送一」、「一件不留」等口號。這些促銷消息閃花了我們的眼，致使我們應接不暇，往往難以判斷其中的虛實。

很多消費者認為，大賣場的特價品是可以放心購買的。其實，即使是大賣場，有些促銷也是暗藏玄機的。

（一）折扣陷阱

某家居大賣場銷售某一品牌馬桶，原價是 3,146 元，促銷時特價只要 999 元。一套衛浴標價 9,329 元，在促銷時只賣 2,999 元。這麼便宜？真的有這麼好的事兒嗎？一位專賣衛浴的經銷商向我們道出了實情。

其實，衛浴產品的定價和銷售價之間有很大的差距。意思是說，哪怕不是在促銷季，衛浴產品的銷售價都遠遠低於標出的定價。以家具為例，有的商家將原價 5,000 元的床的價格標籤改成了 6,000 元，之前按 90% 出售，現在改成 85%，貌似比以前更便宜了，但實際上消費者購買的產品比之前還要貴 300 元。有的家具商家更詭詐，用以舊換新的模式來欺詐消費者。家具原價是 4,000 元，在以舊換新活動中，他賣 5,500 元，舊家具折抵一千元，這其中還多出 500 元的家具處理費。

所以，消費者在購買產品時要注意，不能只看定價，而是要比較產品在平時的價格，才能知道促銷時真正優惠了多少。

特價產品有時還會存在品質問題。有的產品之所以會打折，是因為設計過時，工藝不完善，存在一定的瑕疵，有的是久放庫存的滯銷品。大學校園裡經常出現的填寫個人資料贈送優酪乳活動，不僅可能會洩露個人資訊，遇到不必要的麻煩，而且優酪乳通常保固期比較短，贈送的優酪乳保固期一般都快到期了。他們之所以這樣做，就是為了去掉庫存。

所以，在購買特價產品時一定要多問幾個為什麼，找出特價的真正原因。

特價有的時候只是誘餌。一位瓷磚經銷商透露道，廣告中出現過很多9元仿古磚，8元拋光磚的促銷訊息，其實這些都是有限的。每個客戶也只能享有幾平方公尺的價格優惠，超出的部分還是要按照實際價格購買的。這種特價簡直就是雞肋。

（二）贈品陷阱

現在好多特價活動實行贈送禮品，而且由之前的送油米麵改成了贈送名牌家電，甚至是抽獎送轎車。但消費者是不是就真的從贈品中得到實惠了呢？能撈回本嗎？

事實上哪有那麼簡單。一位從事行銷企劃的人表示，消費者在購買產品時，對贈品的注意力比想要購買的產品還要大，有時會為了獲得贈品而購買產品。商家就是抓住了消費者的這一心理。

有的消費者還為此不解：「我可的確領到獎品了啊。」但內行人卻知道，羊毛出在羊身上。一位負責家居品牌的人說，他們推出週年慶活動，凡購買商品價值超過三萬元，可獲得一

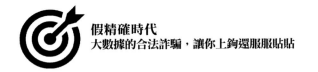
台價值約 1,800 元左右的液晶電視。其實，假如消費者不想要
這個贈品，商場還可以再降價 6%。也就是說，這個電視贈品
只不過是讓消費者換了一個買單的方式。而且有的消費者沒有
購買電視機的需求，只是為了得到這台電視，而把消費金額湊
到了三萬元，這可真是得不償失了。

四、體重減輕，減肥就成功？

　　減肥就是數字上的一場博弈遊戲，它並沒有你所想的那麼
客觀公正，有時也會對你撒謊，甚至長年累月的欺瞞你。

　　女性都很在意自己的身材，在現如今這個社會，越來越多
的時尚女性加入減肥的行列當中。但是要注意，你所想要的並
不是單純的體重計上的數字下降，而是真正的健康和緊緻身
材。所以，千萬要擦亮自己的眼睛，不要被表面現象所矇蔽。
的確，謊言有時是很美妙的，但你要記住，謊言再美妙，它也
是無效的，甚至耽誤重要事情，損害健康。接下來請你擦亮眼
睛，看看減肥中到底有多少謊言吧！

（一）越減越肥

　　雖然你不斷堅持運動，嘗試各種花樣的減肥方式，運動模
式也不知換了多少種，但體重數字就是很恐怖、頑強的待在那
裡，甚至增加了。如此詭異的問題，到底是源於何處呢？

　　其實，有 80% 以上的人會遭遇減肥失敗的困境，但他們
會屢敗屢戰，儘管身體也經受了許許多多上上下下的折騰。

假如你的體重越來越重，你首先要考慮一下是否時間正處於生理週期來之前的一個星期。生理週期到來之前的一週，女性內分泌與激素都會有所改變，所以出現增重、浮腫是很自然的反應，不必過於緊張，也不要非常嚴格的控制飲食，畢竟生理週期前需要更多的營養。另外，減肥方式不要過快更換，至少要鍛鍊三個月，你才能斷定是否適合自己。

（二）失戀減肥

失戀之後，短短幾天你就能瘦三至五公斤，這種「成就」看似欣慰，其實已經損害了健康，讓你看起來憔悴不堪。

之所以會這樣，是因為失戀後心情低落，食欲下降，不吃不喝，導致營養跟不上，但你要警惕的是，你根本就沒有做任何運動，當然，你也根本沒有任何力氣做運動。

雖然體重下降很多，但身體內的脂肪並沒有絲毫減少。因為你的身體只是限制了營養的攝入，這只是一種單純「減水分」的方式，水分減去了，體重當然下降了。但只要你補充了營養，水分補充回體內，體重很快就會反彈。所以，靠失戀後的節食來減肥僅僅是治標不治本的辦法，而且會損害身體健康，導致體質下降。

（三）紋絲不動的體重數字

站在體重計上，看到體重計上的數字，你一定很安心，因為體重數字並沒有上升。但身上的褲子緊繃繃的，現實又給了你一個很響的巴掌，讓你清醒了，原來自己又胖了！

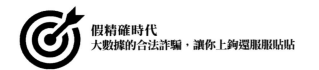

面對肥胖，有時你是不是害怕得連水也不敢多喝了？其實，身體缺水正是減肥不成功的一個重要原因。肥胖疾病研究專家指出，如果身體缺水，許多人的體重會繼續上升，肌肉彈性會慢慢減退，臟器功能越來越不靈活，體內毒素漸漸增加，關節和肌肉疼痛現象也會出現。因為身體缺水將不能有效的排出體內多餘的脂肪，而且身體會儲存多餘水分，不讓它排出體外。

（四）瘦卻乾癟著

這時你肯定會很興奮，因為你真的瘦了很多，甚至連高中時候的連衣裙都可以輕鬆穿上，而且還很合身，你走到哪裡都會讓身邊的同性朋友羨慕不已。不過，問題也隨之而來。你的皮膚開始變得粗糙黯淡，甚至出現了鬆弛現象。更讓你難過的是，身體的重要部位嚴重縮水，原本凹凸有致的身材現在已經毫無特點，失去了女人唯美的線條。

你體重數字下降，證明減肥是取得一定成效了，不僅減掉了脂肪，也把體內儲存的多餘水分減掉了。但你要知道，並不是身體內的所有部位都要減掉脂肪，比如胸部和臀部，這些部位還要匯聚和增添脂肪。要想在減肥的基礎上保持良好的身材，需要合理的運動。從症狀來看，就是缺乏了運動這一環節。節食雖然可以實現體重減輕與脂肪減少，但卻沒有辦法保持身材的勻稱和肌膚的水嫩。要知道，脂肪不僅能讓女性的身材圓潤緊實，還能維持月經。如果只是單純的靠節食來減肥，月經不調就很有可能會找上門來，那就得不償失了。

（五）身材好，體重卻沒變

你可能會很失落，因為體重數字一點兒也沒變化。但讓你驚訝的是，每個見到你的人都說你瘦了，身材圓潤緊實，氣色滿面紅光。你高興極了，同時又對體重計數字的欺騙感到迷惑不解。這個數字謊言雖然是欺騙，但我想每一個女性都不會心生埋怨，而是很容易接受吧！這種減肥效果就是眾多女生夢寐以求的，既收縮了身形又緊緻了線條，整個身體像是脫胎換骨一般。如此好的效果，那些冷冰冰的數字又有什麼意義呢？現在你終於知道，漸漸培養出熱愛運動的好習慣，將使你受益終身，你也向人們再次證實了體重數字謊言的存在。

五、視力度數就一定可靠？小心近視

一所大學在 6 月 6 日舉辦了主題為「呵護眼睛，從小做起」的愛眼宣導活動。記者在活動現場經過採訪得知，目前該地區有兩萬零 650 所中小學校，學生人數有 1,300 萬人。小學生患近視的比例有 40%；國中生為 70%；高中生則高達 90%。科學研究早已表明，近視率如此之高與中小學生缺乏戶外活動有很強的關聯。

一個年齡為 6 歲的小孩在進入學校之前進行視力檢查，結果雙眼視力都是 1.0。然而，醫生卻建議孩子的媽媽接著為孩子做一些其他的檢查，比如眼球生物學、屈光度等檢查。

醫生說，孩子得近視的可能性很高，這種說法把孩子的媽媽嚇了一跳。醫生告訴她，雖然孩子的視力很正常，但生理性

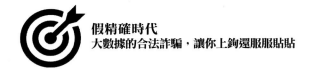

遠視儲備僅僅 50 度，比同齡孩子 150 度的儲備值要低很多，並且眼睛的調節靈敏度也出現嚴重下降，調節滯後現象非常突出，在以後的兩年內很有可能發生近視，所以最好是立即採取預防措施。

醫學上指出，隨著生長發育，學齡前兒童出現遠視眼的狀態，而遠視度數則指「生理性遠視儲備」。隨著孩子成長發育，眼球逐漸成熟，這種遠視狀態會在 12 歲左右時慢慢變弱，直至消失。但如果消失得太快，近視眼就發生了。

一般情況下，孩子的遠視度數在 3 至 4 歲時是 200 至 250 度；5 至 6 歲時是 150 至 200 度；7 至 8 歲時為 100 至 150 度；8 至 12 歲時是 0 至 100 度。

很多家長直到發現孩子視力下降時，才帶孩子去醫院檢查，其實那時已經晚了。護眼專家說，我們可以提前一年甚至好幾年發現近視眼症狀。現在，好多 3 至 6 歲的兒童出現了近視的情況，且這一狀況越演越烈。

另外，護眼知識講座上的專家指出，視力度數在 1.0 以上，視力並不一定就真的好。這個數字帶有很大的欺騙性。視力不等於視覺，一個孩子是否近視不是看視力度數，而是要綜合評判，用孩子的視覺發育指標（屈光度、調節力、聚散力等十幾項）來評估。

調查發現，年齡在 8 至 9 歲，視力是 1.0 的學生中，30% 存在患近視眼的巨大風險，究其原因，則是因為這些孩子視力好，孩子和家長都忽略了隱藏的近視風險。

專家提到，兒童的近視並非短期內形成，而是逐漸累積起

來的，從量變達到質變的程度。孩子視力下降前若干年，近視就已經開始顯現，但改變的只是視覺發育指標，視力度數並沒有變化。醫生建議，對於視覺發育期的兒童，家長要定期帶他們進行視覺發育的檢測，評估孩子將來發生近視的風險有多大。

六、葡萄酒看年份，這種常識不可輕信

一說起葡萄酒，年份總能成為大家談論的焦點。那麼，葡萄酒的年份究竟是指什麼？它真的如此重要嗎？

葡萄酒的年份指的是釀造酒所用的原料葡萄的採摘年份，並不是指葡萄酒的裝瓶年份。換句話說，葡萄酒的年份反映的是葡萄本身的品質和狀態，主要受氣候等自然條件影響，而這顯然不是評價葡萄酒的全部，它還與葡萄的產區、品種以及釀造工藝有關，盲目追求年份意義不大。

葡萄酒的年份並不是越久越好，因為並不是年代越久遠，氣候就越適合葡萄生長，1989 年的天氣未必比 2010 年的好。氣候跟地理環境有關，同一年份不同產地的葡萄顯然會有所不同。所以，到底哪個年份的葡萄酒好，那也得先根據產地的不同來判斷。

另外，以美國、澳洲為代表的葡萄酒新世界國家，由於採用更多新技術，在釀酒工藝中大膽進行創新，加入了更多科技成分，使葡萄的生長連年呈現一定的穩定性，葡萄酒的品質也接近一致。與嚴格「靠天吃飯」的舊世界不同，在出現惡劣天

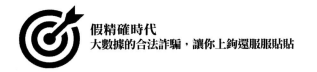

氣時，新世界的釀酒者們會採取措施人為干預，以保證葡萄的健康生長，所以新世界的葡萄酒在年份上不會有太大差別。

當然，舊世界葡萄酒中仍然會有一些「偉大年份」，比如波爾多葡萄酒的 1982 年、1990 年等系列。而新世界葡萄酒的不同年份儘管沒有太多品質區別，但每一年葡萄生長的環境和狀況畢竟不同，也會讓葡萄酒體現出口感和風味的區別，這就要看個人的喜好了。因此，在談論年份時，我們不必去費心爭論哪個年份更好，而是應該去體會不同年份葡萄酒各自具有的不同特色。

此外，我們在購買葡萄酒時要注意年份標準是否規範。有的消費者在網路上購買了兩種低價葡萄酒，而且剛開始以為是 1990 年代的年份酒。但後來仔細檢查才知道，年份只是一個模糊的概念，標籤上並沒有標註明確的葡萄年份。消費者當時看到了「94」字樣，商家宣稱是年份酒，所以就以為是 1994 年的藏品。後來才知道，這個數字「94」只是酒的一個版本而已。按照要求，葡萄酒標註的年份必須是採摘葡萄的具體年份，不能作假。

七、前面有坑，小心掉入中獎陷阱

中獎了！如果你聽到自己中獎的消息，是不是會興奮得暈過去？大概每個人都有過中獎的幻想，這種誘惑無時無刻不存在於生活當中。但要謹慎的是，中獎是一個大坑，你很有可能會陷入其中，遭受損害。

　　大獎的數字就像一個磁石，吸引著你的心和眼睛。很多人就是因為輕信或者只關注中獎的數字，而忽略了自己的理智，落入精心設計的陷阱。

　　某年，一個遊樂區建造了一個迷魂陣，並設立了一百萬元的大獎。迷魂陣是由七座橋構成的，假如有人能從一座橋出發，不重複的將七座橋走完，再回到原地，這個人就能獲得一百萬元的現金大獎。

　　這絕對是一個巨大的誘惑啊！想一想，只要走七座橋就能獲得一百萬元現金大獎，這樣的好事誰不去做，誰就是傻子啊！但是，接下來就是關鍵了，參賽資格是：你必須購買遊樂區的門票。

　　不就是門票嘛，反正進去也得遊山玩水，不白花錢，再說了，我還有機會獨得這一百萬元現金大獎呢！

　　遊客如織，高興而來，失望而歸，無一人成功，但遊樂區卻賺了一大筆門票收入。

　　其實，這個謎題早就被十八世紀的數學家歐拉破解了，答案就是：無解。你是不可能做到的。

　　有的遊樂區會利用機率遊戲來拉你進來，如果你深信自己的運氣，你還是會上當。

　　遊樂區開展「免費遊戲」活動，只要購買遊樂區門票就可以免費抽取 10 支筷子。

　　筷子一共有 20 支，分別是 10 支黑色底頭筷子，10 支紅色底頭筷子。遊樂區事先在卡片上寫好了文字：黑十，黑九紅

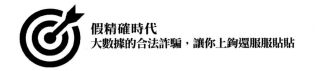

一，黑八紅二，黑七紅三，黑六紅四，黑五紅五，黑四紅六，黑三紅七，黑二紅八，黑一紅九，紅十，你抽到的筷子是什麼樣的，就取走對應的卡片，然後憑藉卡片領取獎品。

遊樂區設立了很豐厚的獎品，分別對應如下。

黑十：iPhone 一部；

紅十：三星 Note 系列手機一部；

黑九紅一：小米手機一部；

黑一紅九：iPad mini 一部；

黑八紅二：一百元折價券；

黑二紅八：一百元折價券；

黑七紅三：五十元折價券；

黑三紅七：五十元折價券；

黑六紅四：本遊樂區門票五十元優惠券；

黑四紅六：本遊樂區門票五十元優惠券；

黑五紅五：佛像一尊。

先注意這裡，門票優惠券看起來能讓你優惠不少，但是遊樂區門票是 120 元，你還是得花 70 元，而且優惠券不能與其他優惠一起使用。佛像更是雞肋，你要想領走或者繼續抽獎，還得交十塊錢，其實佛像根本不值那個錢。

遊樂區正值旺季，遊客非常多，抽獎處也是熱鬧非凡。但是好長時間過去了，沒有一個人能領走大獎。遊客能抽到的最大獎品只是 100 元折價券，而且獎品品項準備非常少。

其實，這是個機率問題。很多人並沒有能力或者沒有心思去計算中獎的機率，只是把心思瞄準在獎品上了。算一算，結果分別如下：

黑十、紅十的機率 =0.000005413%；

黑九紅一、黑一紅九的機率 =0.0005412%；

黑八紅二、黑二紅八的機率 =0.01096%；

黑七紅三、黑三紅七的機率 =0.07794%；

黑六紅四、黑四紅六的機率 =0.2387%。

看到這樣的結果，你應該明白，中獎哪有那麼簡單。

問你一句，你喜歡買樂透嗎？你是不是一直期望自己能中大獎？你是不是經常購買樂透？

現在，就讓我們以「雙色球」為例，看一看中大獎的機率吧！

根據「雙色球」的遊戲規則第 16 條，「雙色球」獎金為銷售總額的 50%，其中當期獎金為銷售總額的 49%，調節基金為銷售總額的 1%。

「雙色球」獎級設置，分為高等獎和低等獎。一等獎和二等獎為高等獎，三至六等獎為低等獎。高等獎採用浮動設獎，低等獎採用固定設獎。當期獎金減去當期低等獎金為當期高等獎金。

其中，一等獎：當獎池資金低於 1 億元時，獎金總額為當期高等獎金的 70% 與獎池中累積的獎金之和，單注獎金按注均分，單注最高限額封頂 500 萬元。

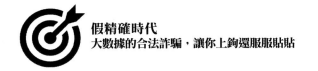
當獎池資金在一億元以上時，獎金總額包括兩部分，一部分為當期高等獎金的 50% 與獎池中累積的獎金之和，單注獎金按注均分，單注最高限額封頂五百萬元；另一部分為當期高等獎金的 20%，單注獎金按注均分，單注最高限額封頂五百萬元。

二等獎的獎金總額為當期高等獎金的 30%，單注獎金按注均分，單注最高限額封頂五百萬元。支付當期一等獎、二等獎後剩餘的獎金滾入下一期獎池。各獎項的中獎機率如下：

一等獎的中獎機率 =0.0000056%；

二等獎的中獎機率 =0.0000846%；

三等獎的中獎機率 =0.0009142%；

四等獎的中獎機率 =0.0434228%；

五等獎的中獎機率 =0.7757707%；

六等獎的中獎機率 =5.8892547%；

不中獎的機率 =93.290547%。

這麼小的機率，你還覺得自己有希望中大獎嗎？其實，大部分人中獎只是 5 元這樣的六等獎，更多的人是不中獎的。

八、二手車看里程數，多長心眼別被糊弄

近幾年來，各地的二手車市場生意非常興隆，很多二手車

商都紛紛拿出九成新或者幾乎全新的車輛來銷售，其售價比同一品牌的新車便宜不少，引來眾多消費者的關注。

不過，最近二手車市場頻頻被爆出「二手車調低里程數」這樣的內幕消息，讓消費者擔憂不已。

有記者了解到，二手車市場調整里程數已經是該行業公開的祕密了。內部人士透露說，很多二手車商為了將車賣個好價錢，都會將二手車的里程數調低。如果一輛二手車的里程數超過五萬公里，其價錢會大打折扣。

相同年份、相同款型和配置的二手車，在不同的二手車商手裡，價格可以差到好幾萬元，這裡面，里程數是一個非常重要的影響因素。

某汽車修理廠的老闆說，調低二手車里程數的方法非常簡單。只要卸下汽車儀表板，取出電路板的晶片，將其銲接在事先準備好的另一塊電路板上，插上一個特製讀卡器，讀卡器與一台電腦連接，再從電腦桌面上打開一個特定的軟體，選擇具體的車型進行配對。等待幾秒時間後，行車電腦的密碼便會被自動破解，隨後，電腦上會跳出一個對話框，輸入要修改的公里數，就完成了里程數修改，再將儀表板裝回汽車就可以了。

現在的汽車基本都是電子里程表，由行車電腦控制，所以調表原理對所有車子來說基本相同，即破解行車電腦密碼後，篡改其中的電子數據。

該老闆提到，修改里程數，簡單的車子前後十多分鐘就可以全部完成，稍複雜的車子也只需要一個小時左右。

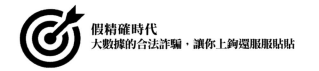

該老闆還說，其實改里程表這種行為挺惡劣的，賣貴一點還是小事情，最危險的是直接影響安全行車。改里程表也屬於「專業的人做專業的事」，有人專門做這個生意，如果是熟客，加上難度又不大的話，15 元就搞定了。

記者在採訪中了解到，修改里程表最大的隱患就是，致使接手的車主無法知道車輛的真實情況。

打個比方，有些車的零件在九萬公里時需要更換，但一個行駛了 8.5 萬公里的車將里程數改成了 5 萬公里，如果新車主按照修改之後的里程表進行保養，繼續行駛的話，當里程表顯示 9 萬公里的時候，實際已經是 12.5 萬公里，安全隱患可想而知。

有行業人士說，他們評估一輛二手車的車況，第一是看年份；第二是動力總成；第三是看車子的大梁。看年份可以打開汽車引擎蓋，下面有一塊銘牌，上面刻有車輛出廠年月以及一些基本參數。動力總成包括發動機變速箱，可以透過試駕來感覺。車子的大梁，就像人的脊椎，一旦車子發生過比較大的事故傷到了大梁，即便經過再出色的修理人員整形，也回不到出事前的狀況。不過這個檢查比較專業，一般的消費者並不能做出很好的判斷。

如果要想知道一輛二手車到底行駛了多少公里，有一種最簡便易行的辦法：看汽車輪胎。假設一輛 2013 年掛牌的車，里程表顯示兩萬多公里，而你看到四個輪胎的花紋都差不多磨平了，實際上這輛車至少已經行駛了四、五萬公里；如果你看到的輪胎不是原配的固特異，那麼這輛車的公里數應該在六萬

公里以上——正常情況下，新輪胎能行駛六萬公里。

　　除此之外，也可以到汽車裝修店詢問。現在很多同一品牌的汽車裝修店資料庫都連線了，車主在裝修店維修和保養的記錄，任何一家同品牌的店都能查到，如幾月幾日做保養，行駛公里數為多少，甚至汽車的重大維修記錄都有備案。

　　通常情況下，自用車的行駛公里數一年在 1.5 萬至 2 萬公里的居多，如果一輛普通家用車型，里程表顯示平均一年行駛不到 1 萬公里，或者一輛公商務車型一年行駛不到 2 萬公里的，要具體了解一下原車主的使用情況。

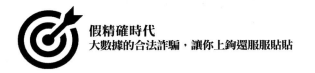

假精確時代
大數據的合法詐騙，讓你上鉤還服服貼貼

第九章
避免數字陷阱有妙招

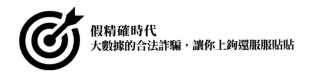

面對眾多的數字謊言，我們要如何錘鍊自己的火眼金睛，快速識破它們？其實，數字謊言就是紙老虎，表面看起來神乎其神，與真實無二，但是經不起推敲。只要在心中多問幾個問題，不要那麼著急的去下結論，我想我們還是可以有效的避免數字謊言的。

一、大數據的困局，N ≠ 所有

對於大規模現象，人們通常用大數據來模糊表達。大數據這個詞語現在已經成為社會各界，包括企業家、科學家、政府和媒體熱切討論的重點。

「大數據」一詞比較含糊，一般經常出現在各行業行銷人員的口中，他們用這個詞語來強調巨大規模的資料量，如大型粒子對撞機每年會產生 15PB 的資料，相當於一首歌曲不斷播放一萬五千年的檔案大小。

但是，大多數公司對「大數據」感興趣的是所謂的「現實資料」，比如網頁搜尋記錄、信用卡消費記錄和行動電話與附近基地台的通訊記錄，等等。這類資料集甚至比對撞機的資料規模還要大，而且相對容易採集。這些資料通常是由不同的用途被蒐集起來並雜亂的堆積在一起，並即時更新。我們的通訊、娛樂以及商業活動都已經轉移到網際網路上。網際網路也已經進入我們的手機、汽車甚至是眼鏡。因此我們的整個生活都可以被記錄和數位化，這些在幾十年前都是無法想像的。

大數據的鼓吹者們提出了四個令人興奮的論斷。

(1)　資料分析可以生成驚人準確的結果。

(2) 每一個資料點都可以被捕捉到，可以徹底淘汰過去那種抽樣統計的方法。

(3) 不用再尋找現象背後的原因，我們只需要知道兩者之間有統計相關性即可。

(4) 不再需要科學的或者統計的模型，理論被終結了。

《連線》雜誌在 2008 年刊登的一篇文章慷慨激昂的提道，資料已經大到可以自己說出結論了。

然而，上述言論過於樂觀和簡化了。不客氣的說，這四項都是徹頭徹尾的胡說八道。

諮詢師敦促那些不太懂大數據的人趕緊理解大數據的潛力。麥肯錫全球機構在一份最近的報告中做了一個計算，從臨床試驗到醫療保險報銷再到智慧跑鞋，如果能把所有的這些健康相關的資料更好的進行整合分析，美國的醫療保險系統每年能夠減少三千億美元的成本，平均每人節省一千美元。

儘管科學家、企業家和政府對大數據充滿希望，但假如忽略了以前經歷過的那些統計學中的教訓，大數據很有可能會讓我們失望。

大數據中有大量的小數據問題，這些問題不會隨著資料量的增大而消失，它們只會更加突出。

統計學家們經過兩百多年，終於總結出了資料中存在的各種陷阱。如今資料的規模更大，更新速度更快，採集成本也越來越低，但我們不能自欺欺人，騙自己這些陷阱沒有了，其實它們還在那裡。

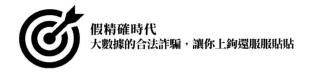

現實資料非常混亂，我們很難知道是否存在樣本偏差。由於資料量非常巨大，一些分析者似乎認定不再需要考慮與採樣有關的問題了，然而問題依然是存在的。

《大數據》的聯合作者曾說，他最喜歡的對於大數據集合的定義是「N= 所有」，我們不再需要採樣，因為我們有所有人的資料。當「N= 所有」時，我們確實不再擔心產生採樣偏差的問題，因為採樣已經包含了所有人。

但「N= 所有」這個公式，對大多數我們所使用的現實資料集合都是成立的嗎？恐怕不是。我不相信有人可以獲得所有的資料。

我們拿 Twitter 舉例。理論上說你可以儲存和分析 Twitter 上的每一則記錄，然後推導出與公共情緒有關的結論，但是就算我們可以讀取所有的 Twitter 記錄，Twitter 的用戶本身也並非代表世界上的所有人。美國的 Twitter 用戶中，以居住在大城市或者城鎮的年輕人居多。

我們必須要搞清楚資料中漏掉了哪些人和哪些事，尤其當我們面對的是一堆混亂的現實資料的時候。一名資料分析師提醒人們，不要簡單假定自己掌握了所有相關的資料，「N= 所有」只是對資料的一種假設，並非現實。

在波士頓有一款智慧型手機應用程式叫做「Street Bump」，這個應用程式利用手機裡的加速度感應器來檢查出街道上的坑窪，而有了這個應用程式，市政工人就可以不用再去巡查道路了。波士頓的市民們下載這個應用程式以後，只要在城市裡開著車，他們的手機就會自動上傳車輛的顛簸資訊並通

知市政廳哪裡的路面需要檢修了。幾年前還看起來不可思議的事情，就這樣透過技術的發展，以訊息窮舉的方式得以漂亮的解決。波士頓市政府因此驕傲的宣布，大數據為這座城市提供了即時的訊息，幫助他們解決問題並制訂出長期的投資計劃。

「Street Bump」在設備中產生的是一個關於路面坑窪的地圖，然而這張地圖在產品設計開始時，就更偏向於年輕化和富裕的街區，因為當時那裡有更多的人使用智慧型手機。「Street Bump」的理念是提供關於坑窪地點的「N＝ 所有」的資訊，但這個「所有」指的是手機記錄下來的所有資料，並非所有坑窪地點的資料。大數據集合看似能夠包容一切，但「N＝ 所有」只是一個頗有誘惑力的假象而已。

當然，現實是這樣的，假如你能以某個概念賺取利潤，就再沒有人會關心因果關係和樣本偏差。

一名男子帶著滿面怒容來到明尼蘇達州附近的一家連鎖店，向店長投訴，指責該公司最近給他 19 歲的女兒郵寄嬰兒服裝和孕婦服裝的優惠券。店長很快向他道了歉。然而，過了沒多久，這名男子又打來電話，店長再次道歉。但是這一次男子對店長說，女兒確實懷孕了。這真是一個神奇的預測，在父親還沒有意識到的時候，該連鎖店透過分析她購買無味濕紙巾和補鎂藥品的記錄，就已經預測到他的女兒要懷孕了。

如果只聽上面講的故事，你可能很容易就覺得該連鎖店的算法是絕對可靠的——每個收到嬰兒連身服裝和濕紙巾購物券的人都是孕婦。這幾乎不可能出錯。其實，這裡面存在一個嚴重的虛假正面效應的問題。我們通常都沒有聽到足夠的反面故

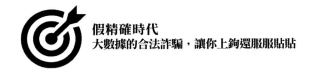

事，真相是：沒有懷孕的婦女們也收到了關於嬰兒用品的優惠券。孕婦能收到這些購物券，僅僅是因為連鎖店給所有人都寄了這種購物券。在相信連鎖店這個讀心術一般的故事之前，你應當問問它們的命中率到底有多高。

該連鎖店會在給消費者的購物券中，隨機性的摻雜一些無關的東西，比如酒杯的特價券，不然孕婦們可能會發現這家公司的電腦系統正在如此深入的探測她們的隱私，進而感到不安。

對此，也有人有另外的解釋，他認為這樣做並不是因為給孕婦寄一份滿是嬰兒用品的購物手冊會讓孕婦起疑，而是由於這家公司本來就知道這些手冊會被寄給很多根本沒有懷孕的婦女。

以上這些觀點，並不意味著資料分析一無是處，相反的，它可能是有高度商業價值的。即使能夠把郵寄的準確度提高那麼一點點，都將是有利可圖的。但能賺錢並不意味著這種工具無所不能、永遠正確。

奧尼迪斯（John Ioannidis）是一位傳染病學家，他在 2005年發表了一篇名為「為什麼大多數被發表的研究結果都不正確」的論文，標題簡練準確。他在論文中，集中闡述了一個核心的思想：統計學家們所稱的「多重比較問題」。

當我們觀察資料當中的某個表象時，我們往往要猜測這種表象是否出自偶然。如果這種表象不是出自偶然，它就在統計上具有顯著性。當研究者面對許多可能的表象時，多重比較錯誤就可能發生。

假設有一個臨床試驗，我們把小學生分為維他命組和安慰劑組兩組，那怎麼判斷這種維他命的效果呢？其實，這完全取決於我們怎樣對「效果」這一詞語進行定義。研究者們可能會經過長期追蹤考察這些兒童的身高、體重、蛀牙的機率、課堂表現、考試成績，甚至是 25 歲以後的收入或者服刑記錄，然後進行綜合比較：這種維他命對窮孩子有效，還是對富孩子有效？對男孩有效，還是對女孩有效？假如進行相當多的不同的相關性測試，偶然產生的結果就會遠遠大於真實結果。

要想解決上面的問題，可以有很多辦法，但是在大數據中這種問題會更加嚴重。因為比起一個小規模的資料集合來說，大數據的情況下有太多可以用作比較的標準。如果不做仔細的分析，那麼真實的表象與虛假表象之比很快就會趨近於零。

更糟的是，我們之前會用增加過程透明度的辦法來解決多重比較的問題，也就是讓其他的研究者也知道有哪些假設被測試過了，有哪些反面的試驗結果沒有被發表出來，然而現實資料幾乎都不是透明的。

不可否認的是，更新、更大、更廉價的資料集合以及強大的分析工具終將產生價值。實際上已經出現了一些大數據分析的成功實例。劍橋大學的斯賓格特（David Spiegelhalter）舉例 Google 翻譯，這款產品統計分析了人類已經翻譯過的無數文件檔案，並在其中尋找出可以自己複製的模式。Google 翻譯是電腦學家們所謂的「機器學習」的一個應用程式，機器學習可以在沒有預先設定程式設計邏輯的條件下，運算出驚人的結果。它是一個令人驚訝的成就。這一成就來自對巨量資料的聰

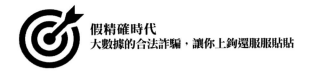

明處理。

但是大數據並沒有解決統計學家和科學家們數百年來想要攻克的一些難題：對因果關係的理解，對未來的推演，以及如何對一個系統進行干預和最佳化。

倫敦皇家學院的大衛·漢德（David Hand）教授講過一句話，「現在我們有了一些新的資料來源，但是沒有人想要資料，人們要的是答案。」要使用大數據來得到這樣的答案，還需要在統計學的方法上取得大量長足的進展。

統計學家們正爭相為大數據開發新工具。雖然這些新工具很重要，但它們只有在吸取過去統計學精髓的基礎上才能成功。

最後，我們再回頭來看看大數據的四個基礎信條。

其一，如果簡單的忽略掉那些反面的資料，比如連鎖賣場的懷孕預測算法，那麼我們很容易就會過高的估計算法的精確度。

其二，如果我們在一個固定不變的環境裡做預測，你可以認為因果關係不再重要。而當我們處在一個變化的世界中，或者是我們自己就想要改變這個環境，這種想法就很危險了。

其三，「N=所有」，以及採樣偏差無關緊要，這些前提在絕大多數的實際情況下都是不成立的。

其四，當資料裡的假象遠遠超過真相的時候，還持有「資料足夠大的時候，就可以自己說出結論了」這種觀點就顯得過於天真了。

　　大數據時代早已到來，但它沒有將新的真理帶到這個世界上。我們現在所要做的是要吸取統計學中的教訓，在比以前更為可觀的資料規模下解決新的問題，獲取新的答案。

二、大數據，用小規模實驗求證

　　在大約三十年前，大數據分析就已經初露端倪，那時人們認為資料分析的工具和算法已經非常成熟，只要資料量充足，就可以深度分析出任何東西，從微觀的精確到分鐘的銷售，精確到每個人的資源消耗，到宏觀的變量，如利率的變化等，能夠告訴你想知道的一切，這些變量之間的相關性，它們的變化趨勢等一切的一切。這種看法在過去一直是資料界的共識。

　　到了今天，大數據技術日臻完善，資料量極其豐富，已經不成問題。你可以在網際網路上找到你需要的任何資料。你是否想要知道某地的工業清洗設備的銷售與該地的化肥廠的設備使用的關係？沒問題！想要提高客戶滿意度？可以把客戶投訴資料採用聚類演算法進行聚類。你動動滑鼠，很多資料就能夠找到了。

　　既然資料這樣豐富，顯然資料量已經不是資料分析的問題了。資料分析師不能再說「我的分析方法沒問題，只要有足夠的資料」這樣的話了。如今，資料的豐富程度已經足以滿足任何分析方法的需要。現在，分析師需要考慮的是「什麼樣的分析方法最合適」以及「這些資料到底能告訴我們什麼」。

　　這很自然的帶來了另一個問題，這個問題可能是大數據帶

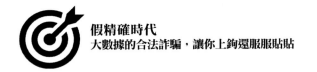

來的真正問題。那就是：

現有的資料，多到可以讓你想要分析出什麼結果，就能分析出什麼結果。

馬克·吐溫曾說過這樣一句著名的話：「這個世界上有三種謊言，分別是謊言、該死的謊言和統計數字。」正是由於大數據極其豐富，所以我們想要什麼結果，就有什麼結果，關鍵是虛假訊息也乘虛而入，讓你不知道該如何辨別。

我們的大腦真的具有非凡的能力，即便是沒有規律的事物，它也能發現規律。

有一位教授曾經在班上做過這樣一個實驗：他找了兩個學生來製造隨機數。其中一個學生使用隨機數生成器生成一個數列，數列裡的每個數都是一至十的一個隨機整數；而另一個學生則是親自選出同樣長度的一個數列，學生自己隨機選擇一至十的任意一個整數。教授安排第三個學生將前兩個學生生成的數列拿給他看。他差不多每一次都能正確的判斷出哪個數列是隨機生成器生成的，哪個數列是人寫的。他指出，那些看上去有規律，或者常有連續重複數字的是隨機數列，而人工寫成的數列則儘量避免出現規律性或者重複性。

這是為什麼呢？因為我們在潛意識裡認為，有規律性或者重複性的東西一定有它的原因，就不可能是隨機的。因此，當我們看到任何有一些規律的模式時，我們就會認為一定有一些非隨機的因素。

這種潛意識其實來自我們在自然界的生存本能。當你看到草叢晃動的時候，你寧可認為是有一隻老虎在那邊，也比認為

是「隨機的」、風吹的，而最後跳出一隻老虎來要強得多。

那麼，如何才能避免掉入這樣的認知陷阱呢？達頓商學院教授提倡使用「小規模實驗」的方式。「小規模實驗」與「大數據挖掘」的區別在於，「小規模實驗」是特別設計來驗證那些憑藉分析工具所發現的規律的正確性。設計「小規模實驗」的關鍵就是用實例去驗證你發現的規律。如果驗證結果正確，那麼規律或模式的可信度就提高了。

為什麼要「小規模」呢？因為巨量資料加上分析工具，可以讓我們去發現無數的規律和模式，而對每個規律或模式都去驗證，就會投入太多的時間、金錢等資源。透過減少實驗資料量的規模，我們可以更快、更有效的驗證更多的可能性，這樣也就能夠加快企業的創新過程。

如何進行「小規模實驗」，要根據具體情況看。一般來說，實驗會採用大數據分析所用的資料集。從中取出一部分子集進行分析，發現的規律透過另一部分資料子集進行驗證，如果規律在驗證資料子集中也存在的話，再利用大數據採集的方式採集新的資料，進一步進行驗證。

巨量資料加上分析工具，使資料分析成為現在一個很熱門的話題。很多企業認為資料分析師能夠「點石成金」。但是，常言道：「人們看到的是他們想要看到的東西。」今天，我們有了巨量資料和能「發現任何規律」的分析工具後，還是不能忘記那個最古老的辦法——用小規模的實驗去驗證。否則的話，巨額資金的大數據投資，可能發現的只是我們想像出來的「規律」。

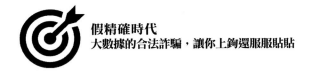

三、尋找偏差，不要被權威迷惑

出於學說、收入等一系列的考量，很多機構或者個人可能會製造偏差，偏差分為有意識的偏差和無意識偏差。

（一）有意識的偏差

我們工廠三千人，月平均薪資有五千元。

這是濫用平均數而生成的偏差。看數字是相當不錯的待遇，實際上可能是一個月薪一百萬元的總經理加上每個月拿著可憐薪水的上千名工人簡單平均起來的結果。同時，報導中常常聲稱的「升高」和「下降」並不一定真的如此。

這段時間氣溫異常升高，熱浪持續一週導致城市死亡人數激增至三百人。

看到這樣的標題時，我們往往要小心這裡所說的「激增」是否屬實。一個一定規模的城市在一週內有 300 人死亡並不算是異常的數字，而熱浪實際上是一個沒有多少分量的因素。

在校大學生每日開銷為 51.74 元。

捏造的數字當然是錯誤的。比如當年鬧得沸沸揚揚的 87.53% 事件，但如果報導中提到的被調查人數是 130 人，不知道還會有多少人能發現這個數據不正確？113 個人表示支持的話，那麼支持率是 86.92%，一 114 個人表示支持的話，那麼支持率是 87.69%——無論如何也得不到 87.53% 的數據，但是這樣造假的數據卻大大提高了可信度，讓人再難發現錯誤了。實際上，很多的假數據都利用了人們天生對「精確的數

字」的信任——「在校大學生每日開銷大約為 50 元」的說法就不如「在校大學生每日開銷為 51.74 元」更顯真實。仔細想想，我們每天接觸巨量的訊息，身邊有多少數據是這樣以假亂真的呢？

（二）無意識偏差

75% 的人，聲稱喜歡喝茶而不是咖啡。

這種偏差帶來的結果往往影響更深遠——《文學文摘》就是無意識偏差的受害者。無意識偏差常常會體現在對樣本的選取不注意上。一個超市對 50 名顧客進行了調查，得出了「75% 的人，聲稱喜歡喝茶而不是咖啡」的結論，那麼我們大可不必去相信這個結論，因為與總數相比，五十個人實在是微不足道的。這家超市也發現了這個問題，接著發出一萬份調查問卷，最後回收了 2,300 百份，發現「64% 的人聲稱喜歡喝茶而不是咖啡」，這個結論毫無疑問也不能令人信服。實際上，這個調查體現出來的是有 1,472 個人更喜歡喝茶，828 個人更喜歡喝咖啡，但是還有剩下 7,300 個人沒有給出答案——這是光看結果分析的讀者所無法知道的，所以不能簡單的相信一個直接而草率的結論。

（三）將資料與權威人士劃清界限

為了弄清楚究竟是誰得出了結論，即「誰說的」，我們至少應該對資料多看一眼。在很多情況下，權威人士掩蓋了真實的資料來源。與醫藥界沾邊的任何東西都可以是「權威人士」；科學的實驗室也是「權威人士」；大專院校，尤其是大學以及

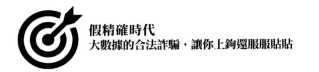

那些在技術方面名列前茅的學校更具有權威性。有的作者列舉權威人士的數據資料並加以利用，從中得出結論，企圖給你留下一個錯誤的印象，似乎是某個權威人士得出的結論。

所以，當某個權威人士被引用時，請你一定要弄清楚到底資料的內容是權威的，還是僅僅與權威人士沾邊。

四、問自己，是否遺漏了什麼？

一般情況下，我們無法了解樣本中包含多少案例。缺失資料，尤其是訊息的來源與利害關係密切相關，你應該對此提出質疑。如果某些事物之間的相關關係沒有經過可能誤差、標準誤差等可信度的檢驗，你也不必過於當真。

（一）缺乏比較

《瞭望》雜誌曾經刊登過一篇與先天痴呆症有關的文章：

研究表明，2,800 個案例中，50% 以上的患者母親在 35 歲及以上。

假如你想從這篇文章中獲得資訊，你還應該知道女性通常的生育年齡。不過，很少有人知道這類訊息。

下面是《紐約客》雜誌中的一段報導。

衛生部門公布最新數據，大霧瀰漫一週之內，倫敦市郊死亡人數增加到 2,800 人。

這篇報導對於公眾來說極其震撼。英國天氣歷來不好，但

也僅僅被看作是個麻煩事，誰也不會把它與殺手聯繫在一起。

這一週的大霧究竟有怎樣的殺傷力？這一週死亡率這麼高，是不是個意外？天氣在變，死亡人數也在變，下一週又會出現什麼樣的情況呢？如果下一週的死亡人數低於平均值，就說明因為大霧死去的人是那些不久就要去世的人嗎？儘管數據很驚人，但由於沒有其他數據作對比，所以顯得毫無意義。

（二）遺漏原因

有的文章中遺漏了引起變化的原因，導致讀者認為其他因素該對此變化負責。

《洋蔥》週報創立於 1988 年，以諷刺性文章見長。最初只在美國威斯康辛州的麥迪遜大學城免費發放，經過二十多年的發展，它已經成為一個媒體帝國，不僅在相鄰的幾個城市發行，還建立了自己的官方網站，每月點閱量高達幾百萬次。現在它又開始進軍圖書出版、電視訪談節目和電影紀錄片等行業。免費，使這份週報煥發出了巨大的活力，使其取得了令人驚嘆的業務成就。

但是，免費卻讓另一份報紙，《鄉村之音》週報的產品價值大為降低，無法生存下去。這是為什麼呢？

其實，事實並不是我們想像的那樣。

《鄉村之音》的總編自嘲的說道：「在實行免費之前，我們的發行量最高時可以達到 16 萬份，後來下滑到 13 萬份。現在免費了，發行量已經超過 25 萬份。你們應該很希望自己寫的文章被兩倍多的讀者閱讀吧。」

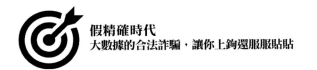

從總編的話中我們已看出，真正讓報紙影響力下降的並不是免費，正相反，免費恰恰拯救了這份報紙，讓報紙能繼續營運下去並賺得利潤。也就是說，在免費之前，《鄉村之音》週報一直處於衰落過程中，基本營運指標早已處於下行通道上。人們把責任歸結到免費上，其實是混淆了原因和結果的邏輯關係。

有一個報告稱：最近 25 年癌症死亡人數增多。其實，這個結論是具有誤導性的。影響癌症死亡人數的因素有很多，比如以前很多不明病因的案例現在已經確定是癌症；屍體解剖技術發達，能夠對死者的疾病做出更確切的診斷；醫學統計資料比以往更全面；患癌症的年齡段人數增多。如果單純看死亡人數的話，你要明白，現在的人數比過去要多很多。

五、拆穿偷換概念的把戲

我們在分析統計資料時，要多注意蒐集原材料到生成結論的這一過程，因為這裡面很可能存在偷換概念。在實際生活中，把甲說成乙的案例實在是數不勝數。

疾病案例增多 ≠ 發病率升高

民意調查獲勝 ≠ 競選獲勝

對雜誌文章偏愛 ≠ 雜誌銷量上升

（一）統計口徑不同

　　1930、40 年代，美國進行了一項普查，發現 1935 年的農場數目比 5 年前增加 50 多萬個。人們因此認為正在開展一場回歸農場運動。其實，由於五年前與五年後的統計口徑不同，普查局關於農場的定義已經發生變化，1935 年的口徑比五年前要廣得多，5 年前被排除在外的 50 萬個農場又被涵蓋在裡面了。

　　2009 年上半年，城鎮的在職員工平均薪資為一萬 4,638 元，與上年同期相比增加了 1,674 元，成長 12.9%。有網友稱，統計數據與自己的收入不符。為何公布的數字與網友感受不符呢？關鍵在於納入統計口徑的不是所有勞動人口，往往低收入人群廣泛存在於漏掉的那部分人群中。因此在看到一個統計結論時，一定要仔細辨清其統計口徑。

（二）口頭回答不可靠

　　普查局調查各年齡人數，發現 35 歲的人數比 34 歲和 36 歲的人數高得多。這項資料是由家庭成員填報的其他成員的年齡。人們往往對不確定的年齡傾向於取 5 的倍數。所以要想獲得準確資料，應該詢問他的出生年月。

（三）目的不同

　　多年以前，紐約報界刊登的犯罪事件曾達到過極其高的程度，報導案件數量多，而且占據報紙版面十分多，且用十分醒目的大字標題報導。群眾因此紛紛要求警方採取行動，對當時

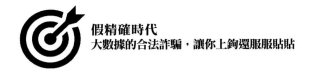
的警察聯合會造成了不小的壓力。但是聯合會主席只用了一個舉動，就將此風波平靜了下來。他將兩個報社編輯都解僱了。這兩人是林肯·史蒂芬斯和加科博·A·瑞斯。事情是這樣的，由於這兩人正在展開競爭，看誰能報導更多的犯罪案件，所以報紙上才會出現大量的這種新聞。但是官方記錄顯示發案率並沒有上升。

A 地區的人口數為 2,800 萬人，五年後再次調查顯示，人口數增至 1.05 億人。但其中只有一小部分的成長是真實的。差距如此之大，原因是目的不同。第一次是因為要徵稅和徵兵；第二次則是因為要發放救濟糧。

（四）無理比較

美國一名參議員發出倡議，讓一名囚犯離開某監獄，將他安置在某旅館會更便宜。他指出，在該監獄，一名囚犯每天的費用是 8 美元，相當於某家高級飯店的住宿費。這名參議員把囚犯每天的所有生活費用與飯店房租進行比較，很明顯是偷換了概念。

（五）標榜第一

只要不是特別指出在哪個領域，任何人都可以標榜自己在某個領域獲得第一。1952 年年底，美國兩家報紙商都稱自己是廣告業的第一。如果從不同的角度來說，兩家的結論都不算錯。《世界電訊報》認為它在廣告連載方面是第一，但事實上它也只有這一種廣告；《美國期刊》堅持認為它在整版廣告方面是第一。

在奧運會結束後，各大入口網站都對外稱自己在奧運會期間的報導取得了第一，這讓網友摸不著頭腦，同時也讓業界充滿疑慮。其實，不同公司排名所採用的指標不一樣，指標分別有「用戶訪問量」、「網頁流量」、「平均每位用戶停留時間」、「訪問速度」、「冠軍訪談數量」等，這樣各大入口網站都可以對外聲稱在奧運報導上取得了第一；各大入口網站引用的資料來源不一樣，導致數據上的差異，甚至不同公司引用同一家調查公司的數據都是不一樣的。這裡摘錄其中一段調查公司的解釋：「A、B 採用的分別是我們兩次不同的調查數據，這兩次調查的城市範圍、方法等都不一樣，兩方面數據結果根本沒有可比性。A 公布的那個結果是我們在 128 個城市採取電腦輔助電話訪問的調查結果，而 B 公布的那份結果是我們在五個重要城市採取街訪方式的調查結果。那五個最重要的城市和其他 128 個城市的網路普及率、人對網路的偏好都不一樣，數據結果反映的事實肯定也不同。」普通網友在關注到「第一」的同時，會去關注這些背後的數據嗎？

（六）文字遊戲

英國勞工部曾對六千戶具有代表性的英國家庭展開調查，調查 15 歲以上男子與女子在家洗澡的頻率。結果顯示，男子在冬季平均每週洗澡 1.7 次，夏季為 2.1 次；女子的相應數據為冬季 1.5 次，夏季 2 次。樣本容量似乎足夠大，也很具有代表性，可以證明：英國男子比女子更愛洗澡。

但勞工部得到的數據只是調查者提到的洗澡次數，並不能反映實際洗澡的頻率。洗澡是一個很私密的話題，再加上英國

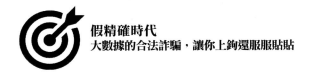

洗澡的傳統，說的話可能會與實際上不一樣。

六、用提問將毫無意義的數據打回原形

當你所接觸到的資料是建立在沒有經過證實的假設基礎上的時候，你要問一句：這些資料有沒有意義？這個問題通常可以將偽裝得很好的資料打回原形。

魯登道夫·弗列斯基曾發明過一個可讀性公式。他依照單字和句子長度這幾類非常簡單客觀的指標，來測量一篇文章的可讀性程度。就像之前提到的愛情公式一樣，這類公式是將無法估計的事物轉化成一個數據進行判斷，非常吸引人。公式由單字和句子長度決定文章的難易程度，但這一點未經證實。

一個美國人用這個公式測試了一些文學讀物。結果表明，《沉睡谷傳奇》的難易程度是柏拉圖《理想國》的一點五倍；美國社會醜事揭發派作家辛克萊·路易斯的《卡斯·廷伯萊恩》比《藝術的精神價值》還要有難度。這個結果看起來跟真的一樣，但真正閱讀過的人不會這樣評價。

2015 年「雙十一」購物活動過後，網路上出現一則這樣的新聞：

網曝 2015「雙十一」退貨 574 億元、退貨率過半。

這件事被炒得沸沸揚揚，但我們在看這個新聞時要問自己一句：這個數據有沒有意義呢？這個數據是怎樣獲得的？數據調查的方式和管道是否正確？

這篇報導如果是出自官方，因為可能是使用的內部管道統計，還尚有一定的依據可言，但這篇報導出自網路，所以我們不得不心生疑問。

沒有獲得官方數據，這篇報導是如何知道 574 億元這樣一個精確的數字的？

如果進行過調查，是如何進行調查的呢？

調查樣本容量是否足夠，是否包含所有類別的人群？

很明顯，這篇報導並沒有對以上提問作出回答，這個數據的價值可想而知，基本上是沒有什麼意義的。

外推法是十分有用的，特別當預測趨勢時。但是，當看到利用外推法計算出來的數據和圖表時，請記住這點：

到目前為止的趨勢都是事實，而未來的趨勢只不過是我們的猜測。

該方法暗含「其他所有條件都相同」，以及「現有趨勢將繼續下去」的前提。但實際上，條件總是在變化的，否則生活真是無聊透頂了。

18974 年，馬克・吐溫在《密西西比河上的生活》一書中描述了外推法不嚴密的特點：

在 176 年間，下密西西比河縮短了 242 英里，平均一年縮短 1.67 英里。因此，任何一個不瞎不傻的正常人都會猜想：明年 11 月的一百萬年以前，即志留紀時代，下密西西比河有 130 萬英里，直接與墨西哥海灣相連，酷似一根釣魚竿。同理，任何人也將猜到，再經過 742 年，下密西西比河將變得只有 1.75 英

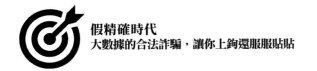

里長。那時，開羅與紐奧良的街道將連在一起，人們在同一個市
長和相同的市參議員領導下，辛勤而愉快的工作。這就是科學迷
人的一面。

官網

國家圖書館出版品預行編目資料

假精確時代：大數據的合法詐騙，讓你上鉤還
服服貼貼 / 李凱 編著 .-- 第一版 .-- 臺北市：清
文華泉，
2020.08
　面；　公分
ISBN 978-986-5552-01-5(平裝)

1. 大數據 2. 數字 3. 應用統計學
312.74　　109010903

假精確時代：大數據的合法詐騙，讓你上鉤還服服貼貼

作　　　者：李凱 編著
發 行 人：黃振庭
出 版 者：清文華泉事業有限公司
發 行 者：清文華泉事業有限公司
E-mail：sonbookservice@gmail.com
粉 絲 頁：https://www.facebook.com/sonbookss/
網　　　址：https://sonbook.net/
地　　　址：台北市中正區重慶南路一段六十一號八樓 815 室
Rm. 815, 8F., No.61, Sec. 1, Chongqing S. Rd., Zhongzheng Dist., Taipei City 100,
Taiwan (R.O.C)
電　　　話：(02)2370-3310　　　傳　　真：(02) 2388-1990
印　　　刷：京峯彩色印刷有限公司（京峰數位）

定　　　價：299 元
發行日期：2020 年 8 月第一版

臉書

蝦皮賣場